T0131665

essentials

essentials liefern aktuelles Wissen in konzentrierter Form. Die Essenz dessen, worauf es als „State-of-the-Art" in der gegenwärtigen Fachdiskussion oder in der Praxis ankommt. *essentials* informieren schnell, unkompliziert und verständlich

- als Einführung in ein aktuelles Thema aus Ihrem Fachgebiet
- als Einstieg in ein für Sie noch unbekanntes Themenfeld
- als Einblick, um zum Thema mitreden zu können

Die Bücher in elektronischer und gedruckter Form bringen das Fachwissen von Springerautor*innen kompakt zur Darstellung. Sie sind besonders für die Nutzung als eBook auf Tablet-PCs, eBook-Readern und Smartphones geeignet. *essentials* sind Wissensbausteine aus den Wirtschafts-, Sozial- und Geisteswissenschaften, aus Technik und Naturwissenschaften sowie aus Medizin, Psychologie und Gesundheitsberufen. Von renommierten Autor*innen aller Springer-Verlagsmarken.

Przemyslaw Komarnicki ·
Michael Kranhold ·
Zbigniew A. Styczynski

Gesamtenergiesystem der Zukunft (GES)

Sektorenkopplung durch Strom und Wasserstoff

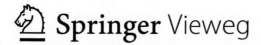

Przemyslaw Komarnicki
Politechnika Wroclawska, Polen,
Hochschule Magdeburg-Stendal und
Fraunhofer Institut für Fabrikbetrieb und
-automatisierung
Magdeburg, Deutschland

Michael Kranhold
50Hertz Transmission GmbH
Berlin, Deutschland

Zbigniew A. Styczynski
Otto-von-Guerike-Universität
Magdeburg
Magdeburg, Deutschland

ISSN 2197-6708   ISSN 2197-6716   (electronic)
essentials
ISBN 978-3-658-42815-0   ISBN 978-3-658-42816-7   (eBook)
https://doi.org/10.1007/978-3-658-42816-7

Die Deutsche Nationalbibliothek verzeichnet diese Publikation in der Deutschen Nationalbibliografie; detaillierte bibliografische Daten sind im Internet über http://dnb.d-nb.de abrufbar.

Planung/Lektorat: Daniel Froehlich
Springer Vieweg ist ein Imprint der eingetragenen Gesellschaft Springer Fachmedien Wiesbaden GmbH und ist ein Teil von Springer Nature.
Die Anschrift der Gesellschaft ist: Abraham-Lincoln-Str. 46, 65189 Wiesbaden, Germany

Das Papier dieses Produkts ist recyclebar.

Was Sie in diesem *essential* finden können

- Sie lernen die technisch-ökonomischen und ökologischen Gründe für die Notwendigkeit der Energiewende kennen, die u. a. zur Entstehung eines Gesamtenergiesystems (GES) führen soll.
- Zu jedem Unterthema finden Sie Hinweise auf wichtige technische und organisatorische Konzepte und Lösungen, die zum Gelingen des Prozesses beitragen können. Bei Bedarf finden sich vertiefende Informationen auch in den fünf weiteren Fachbüchern der Autoren [1–5].
- Dieses essential konzentriert sich auf das Beispiel Deutschland, ist aber eingebettet in den europäischen und globalen Kontext.
- Die angegebenen Stichworte und Literaturhinweise ermöglichen eine schnelle Suche nach verfügbaren Dokumenten und Quellen im Internet.

für Aneta, Anke und Maria
die Autoren

Vorwort

Das Buch ergänzt in idealer Weise das von denselben Autoren verfasste **Lehrbuch „Sektorenkopplung** – Energetisch-nachhaltige Wirtschaft der Zukunft" [1].

Die Gestaltung des zukünftigen Energiesystems, die vor rund 30 Jahren begonnen hat, ist für den Erfolg der aktuellen Energiewende von zentraler Bedeutung. *Energy Transitions* sind bekanntlich *langwierige* Prozesse, da sie zu einer Umstellung der gesamten Wirtschaft auf neue Formen der Energieerzeugung, -verteilung und -nutzung führen müssen. Die letzte *Energy Transition,* die flächendeckende Einführung der Elektrizität, dauerte mehr als 60 Jahre.

Die gegenwärtige *Energy Transition,* auch als **Energiewende** bezeichnet, zielt darauf ab, ein von fossilen Energieträgern unabhängiges (fossilarmes) Energiesystem zu schaffen. Dies führt zur **Transformation** der heutigen sektoralen **Teilenergiesysteme in ein Gesamtenergiesystem** (GES), in dem sich nicht nur der optimale Energieeinsatz in den Sektoren (u. a. hinsichtlich der Energieträger) ändert, sondern die Sektoren energetisch zusammenwachsen und ein gesamtwirtschaftliches Optimum des Energieeinsatzes erreichen. **Erneuerbare Energiequellen** werden im zukünftigen Energiesystem als *Energieträger* dienen (vor allem Wind- und Solarenergie). Geothermie, Umgebungswärme und Biomasse werden ebenfalls ihren Beitrag für spezifische Anwendungen leisten.

Was das rein elektrische Energiesystem betrifft, so ist ein vollständiger Ersatz der heute zur Stromerzeugung genutzten Energieträger (z. B. fossile Brennstoffe, Kernenergie) durch erneuerbare Energiequellen bereits durchaus denkbar. Die **zentrale Frage** ist jedoch: Wie können die fossilen Energieträger, die *in anderen Sektoren* für Produktionsprozesse benötigt werden, *ersetzt werden?* Hier kommt synthetischer Wasserstoff ins Spiel, d. h. durch Elektrolyse aus hochqualitativem

Wasser gewonnener **Wasserstoff,** der als Energieträger in verschiedenen Formen (gasförmig, flüssig) die heute verwendeten fossilen Gase und Flüssigkeiten
ersetzen soll. Die für die Elektrolyse benötigte elektrische Energie soll aus
erneuerbaren Energiequellen stammen, womit sich der Kreis zu einem nachhaltigen Energiesystem der Zukunft schließt. Die sogenannten Power-to-X-Prozesse
(z. B. Power-to-H$_2$) machen dies zumindest theoretisch möglich.

Damit stellt sich eine weitere Frage: Wie viel Wind- und Solarenergie
brauchen wir eigentlich in Zukunft, um die gesamte fossile Energie für das
elektrische Energiesystem und die Sektoren zu ersetzen? Die Antwort lautet:
Natürlich viel mehr, als wir heute erzeugen.

Wir müssen **heute** schon **antizipieren,** wie groß das elektrische **Energiesystem der Zukunft** sein wird, denn die Umwandlung von Wind- und Sonnenen-
ergie in elektrische Energie für elektrische Energieverbraucher (auch neue wie
Wärmepumpen oder Elektroautos), aber auch für große Mengen **grünen Wasserstoffs** (Power-to-X), wird die Grundlage sein. Sind die heutigen Netze und
Betriebsführungsmethoden darauf vorbereitet? Werden diese großen Mengen an
umgewandeltem Strom noch stabil und sicher zu handhaben sein? Welche neuen
intelligenten Eigenschaften *(Flexibilität)* braucht das Stromnetz der Zukunft
(Smart Grid)? Auf all diese spannenden Fragen müssen die Entwickler des
entstehenden GES Antworten finden.

Wir sind auf einem guten Weg und haben bereits die ersten innovativen Netze
der Zukunft entwickelt. Aber es wird weiterer großer Anstrengungen bedürfen,
um den Rest der Zeit ebenso produktiv und innovativ zu gestalten. Bis *2050,*
dem **Zieljahr** für die Etablierung der europäischen **Net-Zero Community,** sind
es nur noch 27 Jahre. Und Deutschland hat sich mit 2045 ein noch ehrgeizigeres
Zieljahr für Net-Zero gesetzt. Fest steht, dass die Energiewende nur im globalen Maßstab gelingen kann. Wir brauchen alle technischen, wirtschaftlichen und
gesellschaftlichen Kräfte, um die Energiewende nicht nur in Deutschland und
Europa, sondern weltweit zum Erfolg zu führen.

Die Autoren danken Frau M.Sc. Anke Kranhold für die sorgfältige Korrek-
tur des Textes, Frau M.Sc Polina Sokolnikova für ihre Hilfe bei der grafischen
Gestaltung des Textes und nicht zuletzt dem Lektor Herrn Dr. Daniel Fröhlich
für seine zahlreichen Hinweise, Ratschläge und seine freundliche Unterstützung.

Berlin- Magdeburg   Przemyslaw Komarnicki
im Juli 2023   Michael Kranhold
                                                    Zbigniew A. Styczynski

Inhaltsverzeichnis

Abkürzungsverzeichnis

Acatech	Deutsche Akademie der Technikwissenschaften
BDEW	Bundesverband der Energie- und Wasserwirtschaft
BDI	Bundesverband der Deutschen Industrie
BHKW	Blockheizkraftwerk
BIKO	Bilanzkreiskoordinator
BIP	Bruttoinlandprodukt
BK	Bilanzkreis
BKV	Bilanzkreisverantwortlicher
BNetzA	Bundesnetzagentur
CCS	Carbon Capture and Storage
CIGRE	Conseil International des Grands Réseaux Électriques
DENA	Deutsche Energie-Agentur
DSM	Demand Side Management
EE	Erneuerbare Energien
EEG	Erneuerbare-Energien-Gesetz
EEX	European Energy Exchange
EnWG	Energiewirtschaftsgesetz
ENTSO-E	European Network of Transmission System Operators for Electricity
ENTSO-G	European Network of Transmission System Operators for Gas
EU	Europäische Union
FACTS	Flexible AC Transmission System
FhG	Fraunhofer Gesellschaft
FNB	Fernleitungsnetzbetreiber (Gas)
GDH	Gewerbe-Handel-Dienstleistungen (Sektorenbezeichnung)
gMSB	grundzuständiger Messstellenbetreiber

GES	Gesamtenergiesystem
HDI-Index	Human Development Index
HVDC	High Voltage DC Transmission System
IKT	Informations- und Kommunikationstechnik
KWK	Kraft-Wärme-Kopplung
MaKo	Marktkommunikation
MES	Multimedial Energy System
MGV	Marktgebietsverantwortlicher (Gaswirtschaft)
MSB	Messstellenbetreiber
NEP	Netzentwicklungsplan
PcW	PricewaterhouseCoopers
PSW	Pumpspeicherwerk
SCADA	Supervisory Control and Data Acquisition
SDG	Sustainable Development Goals
STATCOM	Static Synchronous Compensator
SVC	Static VAR Compensator
TYNDP	Ten-Year Network Development Plan
ÜNB	Übertragungsnetzbetreiber
VBN	Verteilungsnetzbetreiber
VKU	Verband Kommunaler Unternehmen e.V.
WAMS	Wide Area Monitoring System

Warum *Energiewende*

1

In der gesamten Menschheitsgeschichte hat der Übergang zu neuen Methoden der Energiegewinnung (Pferdekraft – Dampfkraft – Elektrizität) zu Sprüngen in der menschlichen Entwicklung und damit gebundene Verbesserung der Lebensqualität geführt. Doch noch nie war die Menschheit so abhängig von der Nutzung von Energie wie heute. Ohne ein modernes Energiesystem ist keine Industrienation denkbar.

Energiewende ist der deutsche Begriff für die weltweite **Energy Transition.**

> *Die Energy Transition oder Transformation des Energiesystems bezeichnet einen radikalen strukturellen Wandel des Energiesystems in Bezug auf Versorgung und Verbrauch. Um den Klimawandel zu begrenzen, findet derzeit ein Übergang zu nachhaltigen Energien (hauptsächlich erneuerbare Energien) statt. Dieser Prozess wird im Deutschen als Energiewende bezeichnet und teilweise als Lehnwort in andere Sprachen übernommen. Er bezeichnet auch den Übergang zu erneuerbarer Energieerzeugung, d. h. Energieerzeugung ohne Nutzung fossiler Energieträger (Kohle, Gas, Kernkraft). Die aktuelle Energiewende wird von der Erkenntnis getrieben, dass die weltweiten Treibhausgasemissionen drastisch reduziert werden müssen. Am Ende, in Deutschland im Jahr 2045, soll die Nutzung fossiler Energieträger in einem Net-Zero-System stehen. [in Anlehnung an Wikipedia 2023].*

Die Epochenaufgabe Energiewende soll die Menschheit unabhängig von fossilen Energieträgern machen. Energie soll regenerativ werden.

P. Komarnicki et al., *Gesamtenergiesystem der Zukunft (GES)*, essentials, https://doi.org/10.1007/978-3-658-42816-7_1

Vor 50 Jahren, als der erste Bericht des Club of Rome mit dem berühmten Titel „Die Grenzen des Wachstums" (1972) erschien, war es der ehrenwerte Wunsch Einzelner, das fossile Zeitalter zu beenden. Nachdem Anfang der 90er Jahre die grundlegenden technischen Voraussetzungen für die ersten industriellen Anwendungen von PV- und Windkraftanlagen geschaffen worden sind, wird seit etwa 30 Jahren die Energiewende weltweit und auch in Deutschland konsequent umgesetzt. Die ersten Schritte wurden in der Energiewirtschaft gemacht.

Zu Beginn dieses Weges war die Skepsis in der Branche unübersehbar. Auf die Frage, wie viel erneuerbare Energien das Energiesystem überhaupt „verträgt", um stabil zu bleiben, antwortete eine Doktorandin 2003 auf einem der ersten Doktorandenkolloquien in Deutschland zum Thema „Zukünftige Netzplanung mit Erneuerbaren Energien" noch zurückhaltend: etwa 25 %. Das war damals revolutionär, denn die gängige Meinung war, dass 5 bis 10 % erneuerbare Energien (EE) für den Netzbetrieb gerade noch verkraftbar sind. Trotz dieser Antwort bestand die Doktorandin das Kolloquium.

Heute wissen wir, dass auch über 100 % EE im Netz vorhanden sein können und nicht abgeregelt werden müssen, sondern weiter vermarktet werden können. Durch den rasanten Fortschritt in Technologie und Marktdesign wurden zunächst viele technische Hürden in den Anlagen und Komponenten selbst, aber auch im Netzbetrieb überwunden und sogar Dogmen gebrochen. Der Fortschritt hat die technischen und auch wirtschaftlichen Errungenschaften der erneuerbaren Energien so weit vorangetrieben, dass sie heute der konventionellen Erzeugung in vielerlei Hinsicht überlegen sind.

Der enorme weltweite Ausbau und die damit verbundene Akzeptanz der regenerativen Stromerzeugung zeigen, dass sich die vor mehr als 30 Jahren gemachten Prognosen zur Zuverlässigkeit und Wirtschaftlichkeit (sog. Lernkurve) der Stromerzeugung aus Wind und Sonne voll bestätigt haben. Die Praxistauglichkeit der EE steht heute außer Frage.

Die Lernkurve ist eine (grafisch dargestellte) Beziehung zwischen der kumulierten Produktion und den Arbeitskosten je Produktionseinheit. Mit zunehmender Produkterfahrung können die Arbeitskosten pro Produktionseinheit sinken. Man spricht auch von der Erfahrungskurve, in der englischen Literatur: Learning Curve. In den letzten 30 Jahren zeigen die Lernkurven für Wind- und Solarenergie einen stark degressiven Verlauf. Bei der Windenergie sind die spezifischen Stromgestehungskosten um den Faktor 3 bis 5 gesunken, bei der Solarenergie um den Faktor 10 [nach Wirtschaftsleksikon24.com und Daten von IRENE].

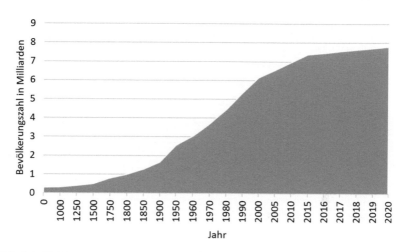

Abb. 1.1   Weltbevölkerung. (Datenquell: [8])

In der neuesten Publikation mit dem Titel Club of Rome, Der große Bericht [7], die anlässlich des 50-jährigen Bestehens der Organisation im Jahr 2018 erschienen ist, finden die Prognosen aus dem Jahr 1968 durchaus ihre Bestätigung. Gerade die letzten Jahre haben gezeigt, dass die wachsende Weltbevölkerung (siehe Abb. 1.1) nicht mehr in einer *leeren Welt* lebt. Der Begriff der leeren Welt wurde vom Club of Rome geprägt und geht davon aus, dass

> *„die Wirtschaft im Vergleich zur Ökosphäre relativ klein ist, wo unsere Technik der Extraktion und Ernte noch schwach sind und unsere Ziele gering. Fische vermehren sich schneller, als wir sie fangen können, Bäume wachsen schneller, als wir sie fällen würden, Mineralien in der Erdkruste sind reichlich vorhanden, und die natürlichen Ressourcen sind nicht wirklich knapp. In der leeren Welt wurden die unerwünschten Nebenwirkungen unserer Produktionssysteme weit verteilt und wurden oft mit geringerem Aufwand absorbiert." [7, S. 394].*

Im Laufe der Jahre ist die Idee einer New Economy entstanden, die eine nachhaltige Entwicklung der Menschheit in einer vollen Welt zum Ziel hat. Dies setzt zunächst voraus, dass komplexe statt einfacher Instrumente der Wachstumsmessung zum Einsatz kommen. Anstelle des Bruttoinlandsprodukts (BIP), das praktisch keine Restriktionen berücksichtigt und auf Gewinnmaximierung ausgerichtet ist, wurden andere Bewertungsfaktoren vorgeschlagen und eingeführt. Die Agenda 2030 der Vereinten Nationen umfasst siebzehn Ziele für

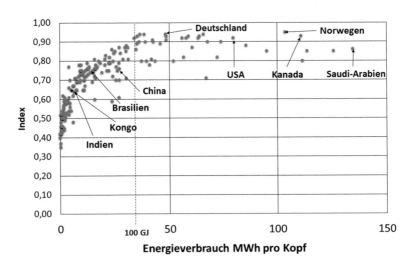

Abb. 1.2 Wohlstandindex versus Energieverbrauch pro Kopf und Jahr (PK). (Datenquelle:[9]. Vgl. auch Welt-Energieatlas [10])

nachhaltige Entwicklung (*Sustainable Development Goals,* SDGs). Diese können in Entwicklungsplänen bis hinunter auf die kommunale Ebene angewendet werden, um die hohe Komplexität nachhaltigen Wachstums bereits in der Planung zu berücksichtigen. Hierzu stehen verschiedene Werkzeuge zur Verfügung, die im Internet z. B. unter www.sdg-portal.de ausführlich beschrieben sind.

In Abb. 1.2 werden die Werte der Human Development Index (HDI-Indizes) im Vergleich zum Energieverbrauch pro Kopf (PK) für unterschiedliche Länder vorgestellt. Der direkte Zusammenhang zwischen diesen beiden Werten ist sichtbar: Hoher Energieverbrauch ist mit einem hohen HDI-Indexwert bis zu etwa 50 MWh PK (~100 GJ PK) verbunden. In Deutschland kann ein jährlicher Verbrauch von etwa 50 MWh auf eine 25-h-Volllastarbeit einer 2 MW-Windanlage umgerechnet werden. So kann eine 2 MW-Windanlage, unter der Annahme von 2000 Volllaststunden pro Jahr, den statistischen Energieverbrach von etwa 100 Bundesbürgern abdecken. Diese Pro-Kopf-Rechnung beinhaltet dabei den gesamten Brutto-Energieverbrauch, Haushalt, Industrie usw.

Der weitere Anstieg des PK-Energieverbrauchs führt nicht notwendigerweise zu einem Anstieg des HDI-Indexwertes. Der HDI-Index für Deutschland liegt

z. B. bei 0,94 und ist damit offensichtlich besser als der HDI-Index für Saudi-Arabien (0,83). Dennoch hat Saudi-Arabien im Vergleich zu Deutschland einen mehr als doppelt so hohen PK-Energieverbrauch.

Der HDI-Index ist ein vom Entwicklungsprogramm der Vereinten Nationen eingeführtes Vergleichsmaß von 191 Nationen in vier Kategorien: Gesundheit, Bildung, Einkommen und Lebensstandard. Ein hoher Energieverbrauch pro Kopf und Jahr (>100 GJ) geht mit einem hohen HDI-Index (>0,8) einher. Über 80 % der Weltbevölkerung verbrauchen weniger als 100 GJ Energie.

Kohlenstoffemissionen werden in der Regel als Indikator zur Quantifizierung des Klimawandels verwendet. So wird in Abb. 1.3 die Geschichte der Industrialisierung anhand dieses Indikators dargestellt. Der erste Anstieg (s. Abb. 1.3a) auf das Niveau von etwa 1 Mrd. Tonnen wurde um 1900 erreicht und blieb über mehrere Jahre stabil. Nach dem Zweiten Weltkrieg allerdings ist ein ununterbrochener Anstieg der Emissionen zu beobachten, jedoch mit einem variierenden jährlichen Zuwachs, wie unten beschrieben. Die jährlichen Kohlenstoffemissionen sind so heute 36mal höher als im Jahr 1900. Emissionszunahmen waren in den Jahren 1960–1980 weltweit unterschiedlich. Sie stiegen um etwa 4 % jährlich in den Jahren 1980–2000. Dieser Trend verlangsamte sich in den Jahren 2000–2010 auf etwa 1 % jährlich (Kernkraft), stieg nach 2010 wieder auf 3,5 % jährlich (Elektrifizierung von China) und beträgt heute etwa 1,5 % jährlich, dank des großflächigen Ausbaus regenerativer Erzeugung. Erst die immer breitere Erschließung der erneuerbaren Ressourcen, die gegenwärtig dank des technischen Fortschritts im großen Maßstab möglich ist, gestattet den Ausstieg aus dem fossilen Zeitalter, was am abnehmenden Anstieg der Emissionen in den letzten Jahren sichtbar wird (s. Abb. 1.3b).

Es ergeben sich somit drei Hauptgründe, die die Menschen zur nächsten Revolution, einer *„grünen Revolution"*, zwingen:

- die Knappheit der fossilen Ressourcen, sie reichen nur für etwa 100 Jahre,
- der Klimawandel,
- die Grenzen des Wachstums.

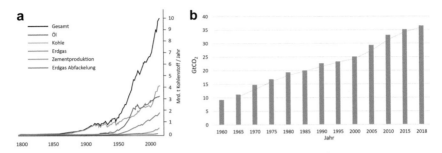

Abb. 1.3 Global Kohlenstoffemissionen aus fossilen Quellen (a)generell zwischen 1800 und 2007 [11] und (b) im Detail zwischen 1960 und 2018. (Datenquelle: [12])

> *Das Streben nach Wohlstand (in den Entwicklungsländern) bzw. nach Wohlstandserhalt (in den Industrieländern) führte und führt zu einem starken Anstieg des Energieverbrauchs und damit zu einem kontinuierlichen Anstieg der Emissionen. Nur der Umstieg von fossilen auf erneuerbare Energieträger kann diesen Prozess umkehren.*

Aufgrund des Klimawandels befindet sich das weltweite Energiesystem, wie schon erwähnt, bereits seit 1990 in einem Transformationsprozess mit dem Ziel, die Emissionen zu reduzieren, ohne dabei die Wirtschaft zu schwächen. Diese Aufgabe kann in vier Phasen unterteilt werden (vgl. Abb. 1.4), in denen sich zunehmend intensiver mit der Problematik auseinandergesetzt wurde. In Deutschland sind Entscheidungen wie die Einführung des Erneuerbare-Energien-Gesetzes (EEG) im Jahr 2000 oder spätere Beschlüsse zum Ausstieg aus der Kernenergie und der Verstromung fossiler Brennstoffe in der dritten Phase (vgl. Abb. 1.4) als konsequente und logische Weiterentwicklung der Energiewende zu sehen und tragen wesentlich zur zielstrebigen Realisierung des ehrgeizigen Ziels bei, bis 2045 Emissionsneutralität (Net-Zero) in Deutschland zu erreichen.

In Abb. 1.4 sind der bisherige Verlauf und die weitere Planung der Energiewende in Deutschland dargestellt, wobei die wichtigsten Meilensteine deutlich markiert sind. Für weitere Informationen siehe [1].

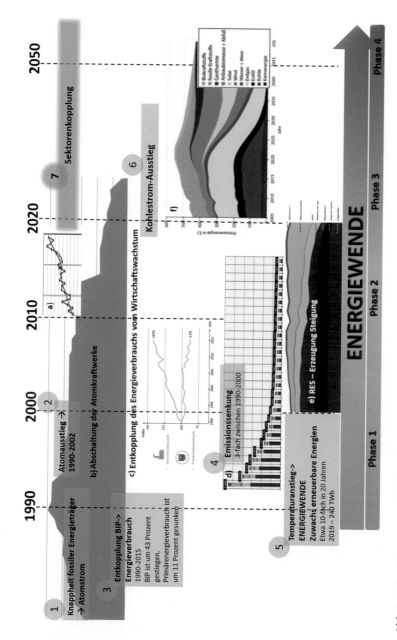

Abb. 1.4 Der Weg zum nachhaltigen GES der Zukunft: (a) Anstieg der Erderwärmung (1), (b) Kernenergiezeit (2), (c) Entkopplung des Bruttosozialprodukts (BIP) von Wirtschaftswachstum (3), Emissionssenkung (3), Emissionssenkung (4), (e) massivem RES- Ausbau (5), (f) Kohleausstieg (6). Bemerkung: trotz der Änderung des Zieljahres auf 2045 wurde hier das Originalabbildung aus [1] mit dem Zieljahr 2050 belassen (Quellen: Internet- illustrativ)

Gesamtenergiesystem – GES

2

2.1 Transformationspfad zum GES

2.1.1 Definitionen

Die elektrische Energie wird in Deutschland heute (2022) zu etwa 51 % aus EE-Quellen bereitgestellt. Die restlichen 49 % werden durch die Verstromung von Primärenergieträgern wie Kohle, Gas, Öl etc. erzeugt. Der Ausstieg aus der Kernenergie wurde in Deutschland gerade vollzogen, sodass bereits heute keine Kernkraftwerke mehr am Netz sind. Würde die elektrische Energie zu 100 % regenerativ erzeugt werden, wären die Emissionen durch den Einsatz fossiler Rohstoffe in den anderen Sektoren immer noch sehr hoch. Die Reduktion bzw. Vermeidung dieser Emissionen in den Nutzungssektoren kann auf zwei Wegen erreicht werden:

- emissionsfreie Produktion von synthetischen primären Ressourcen, z. B. durch die Wandlung Strom-zu-Gas und die folgende Nutzung dieser CO_2-neutralen Produkte in Sektoren,
- Substitution der primären Ressourcen in den Nutzsektoren durch erneuerbaren Strom, z. B. im Sektor Verkehr durch breite Anwendung von Elektrokraftfahrzeugen.

Wie die Energiewende ist auch der Begriff Sektorenkopplung eine verkürzte Beschreibung für ein Maßnahmenpaket, das zu einem emissionsfreien Betrieb der Verbrauchssektoren führt (siehe auch Abschn. 2.1.4). Die Verbrauchsgruppen können mit erneuerbarem Strom versorgt werden, der direkt (E-Fahrzeug) oder indirekt (Power-to-Gas) den Energiebedarf dieser Sektoren emissionsfrei decken

P. Komarnicki et al., *Gesamtenergiesystem der Zukunft (GES)*, essentials, https://doi.org/10.1007/978-3-658-42816-7_2

kann. Dadurch kommt es zu einer starken Kopplung zwischen erneuerbaren Energien wie Wind- oder Solarenergie und den Sektoren, über den Zwischenenergieträger Strom aus erneuerbaren Energien. Es entsteht aber auch eine starke Kopplung der Nutzungssektoren untereinander. Derselbe regenerative Strom kann in allen Sektoren eingesetzt werden. Dadurch ergibt sich die Möglichkeit des Energieaustausches zwischen den Nutzungssektoren – die Nutzungssektoren sind gekoppelt.

Unter Sektorenkopplung wird die Vernetzung der Sektoren der Energiewirtschaft sowie der Industrie verstanden, die gekoppelt, also in einem gemeinsamen holistischen Ansatz optimiert werden sollen. Die Idee hinter dem Konzept ist es, lediglich auf Einzelsektoren (Elektrizität, Wärmebzw. Kälteversorgung, Verkehr und Industrie) zugeschnittene Lösungsansätze hinter sich zu lassen, die nur Lösungen innerhalb des jeweiligen Sektors berücksichtigen, und stattdessen hin zu einer ganzheitlichen Betrachtung aller Sektoren zu kommen, die ein stabileres, effizienteres und günstigeres Gesamtenergiesystem ermöglicht. [in Anlehnung an Wikipedia 2023]

In Abb. 2.1 ist die Sektorenkopplung grafisch dargestellt.

In Abb. 2.1a ist die aktuelle Lage am Bespiel von Deutschland dargestellt. Die unterschiedlichen primären Ressourcen werden in einem Energiehub (die Gestaltung, Modellierung und Funktionsweise des Energiehubs wird in Kap. 2 [1] detailliert erklärt) gebündelt, der heute im Energiesektor als Verteilungsmedium, wie z. B. Gas- oder Stromversorgung, fungiert. Von dort werden sie weiter an die Nutzungssektoren verteilt. Zur Flexibilisierung dieses Systems dienen schon heute unterschiedliche Speicher (z. B. Gasspeicher), die die Optimierung der Betriebskosten in den Nutzungssektoren durch entsprechendes Management erlauben, z. B. Großeinkäufe von Gas unter Berücksichtigung des aktuellen Börsenpreises.

Die Anteile des Stromes (in Abb. 2.1a: gelbe Farbe) als Energiequelle sind heute in einzelnen Sektoren unterschiedlich und decken zwischen 4 % und 23 % des notwendigen Energiebedarfes ab.

In Abb. 2.1b ist die erwartete (geplante) Lage nach der Energietransformation um das Jahr 2050 und folgend dargestellt. Als Energiequellen dominieren Wind- und Solaranlagen und die fossilen Kraftwerke werden zu diesem Zeitpunkt schon ausgeschaltet sein. Kohle und fossiles Gas werden nicht mehr als Energieträger,

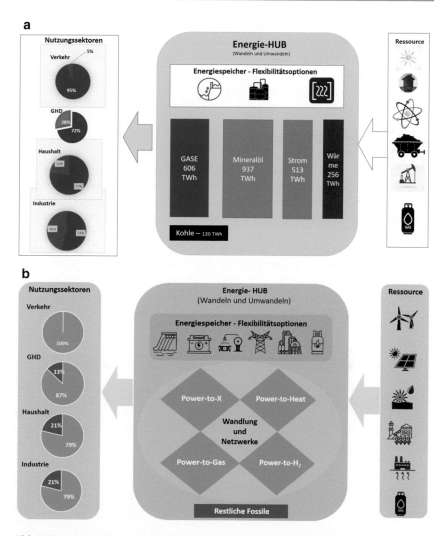

Abb. 2.1 Struktur (**a**) des gegenwertigen und (**b**) des zukünftigen (2045) Energiesystems. Beispiel Deutschland. (Datenquellen: BMWK, BMU, Statistische Bundesamt. Eigendarstellung, Icons © Adobe Stock)

sondern nur noch als Ausgangsprodukte in der Industrie (z. B. in der Chemie-industrie), dort wo sie nicht durch synthetische Produkte ersetzt werden können, verwendet. Die nötigen chemischen Produkte werden in der Zukunft synthetisch hergestellt werden. Dazu wird Wasserstoff verwendet, der wiederum durch die mit erneuerbarem Strom getriebene Elektrolyse gewonnen wird.

2.1.2 Energiemix 2050

Die spannende Frage ist seit Jahren die gleiche: Was werden die Hauptenergie-quellen des zukünftigen Energiesystems 2050 sein? Auf das Beispiel Deutschland bezogen lässt sich sagen, dass dies Wind- und Solaranlagen, ergänzt durch was-serstoffbetriebene Gaskraftwerke als Blackout-Vorsorge, sein werden (siehe auch Abb. 2.2).

In der Tab. 2.1 ist der geplante Energiemix in Deutschland in 2045 dargestellt.

Aus Tab. 2.1 ist ersichtlich, dass bis 2045 ein erheblicher Zubau an instal-lierter Leistung bei den EE wie Wind und PV (z. B. Wind Offshore fast verzehnfacht) erfolgen muss, um die wegfallenden Erzeugungskapazitäten bei den Kohlekraftwerken (in der Tabelle nicht spezifiziert) zu kompensieren.

Abb. 2.2 Hauptenergiequelle in 2050 wird die Wind- und Solarenergie. Speichermedium wird der Wasserstoff. (Quelle: ©Adobe Stock)

Tab. 2.1 Energiemix in Deutschland in 2045 nach Szenario C von BNetzA [13]

Erzeugung GW		In 2045 (in Klammer heute)
	Gas (H$_2$) Kraftwerke	>34,6 (32,1)
	Pumpspeicherwerke	11,1 (9,8)
	Sonstige konv. Erzeugung	1,0 (50,9)
	Wind Onshore	180 (56,1)
	Wind Offshore	70 (7,8)
	PV	445 (59,3)
	Biomasse	2 (9,5)
	Wasserkraft	5,3 (4,9)
	Sonstige reg. Erzeuger	1,0 (1,1)
Verbrauch brutto TWh		1303 (533)

Die meisten Länder planen, ihre Energieerzeugung zukünftig ebenfalls auf EE zu stützen, aber auch die Erzeugung mit Kernreaktoren beizubehalten, um mindestens einen Teil der Grundlast damit abzudecken. Einerseits klingt dies zunächst vernünftig, anderseits jedoch ist es mit nicht abschätzbaren Risiken und damit auch Kosten verbunden. Weiterhin ändert es nichts an der Sache, dass für den Ausgleich der Schwankungen aus Wind- und Solarerzeugung Gaskraftwerke als schnell agierende Regelkraftwerke gebraucht werden. Kernkraftwerke sind für diese Aufgabe gänzlich ungeeignet.

2.1.3 Energie-Hub-Modell

Bei der Entwicklung und Planung von Energiesystemen werden grundsätzlich mathematische Modelle genutzt. Da die Energiesysteme sehr komplex, umfangreich und kostspielig sind, müssen vor der Realisierung zahlreiche Simulationen durchgeführt werden, um die angestrebten Lösungen zu überprüfen und gegebenenfalls anzupassen und zu optimieren. Pilotprojekte können nur einen kleinen Teil der geplanten Lösungen verifizieren und legen ihren Schwerpunkt zudem immer auf der Verifizierung der angestrebten Lösungen des zukünftigen GES durch eine komplexe mathematische Simulation. Für die Simulationen steht ein breites Spektrum an kommerziellen Berechnungstools zur Verfügung, die für die verschiedenen Teilaufgaben ausgelegt sind.

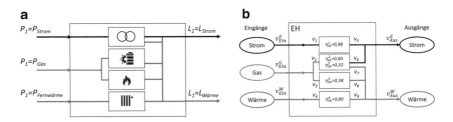

Abb. 2.3 (a) Beispiel eines Energie-Hubs und (b) seine Modelldarstellung [14]

Für die zukünftigen, multimedialen Energiesysteme bildet ein allgemeines Black-Box-Modell und davon abgeleitet das Energie Hub (EH) Modell, das in den frühen 2000er Jahren an der ETH Zürich entwickelt wurde [14], eine wichtige Grundlage. In diesem Ansatz wird die Green Field (grüne Wiese) Betrachtung des zukünftigen Energiesystems vorgestellt – eine interessante Überlegung, die die Möglichkeiten der Nutzung von EH in Multimedia-Energiesystemen (MES) aufzeigt.

Im Energie-Hub-Modell sind die internen Verbindungen in den Konvertergruppen im Hub spezifiziert und die Relationen darüber in Form eines Grafen dargestellt. Die Knoten des Graphen bilden die Wandlungsprozesse ab, während Medienströme durch Kanten repräsentiert werden. Die Umwandlungsfunktionen sind linearisiert und werden im Wesentlichen durch die Effizienz des Umwandlungsprozesses ausgedrückt. Ein Beispiel eines einfachen Energie-Hubs (EH), bestehend aus einem Transformator, einer Brennstoffzelle, einem Kessel und einem Wärmetauscher, ist in Abb. 2.3 dargestellt.

Die Graphentheorie erlaubt es, die Zusammenhänge zwischen Eingangs- und Ausgangswerten (Vektoren) mathematisch zu formulieren und damit auch die erstellten multimedialen Netze zu berechnen und zu optimieren (für Details siehe Kap. 2. [1]).

Das Hub-Modell hat seine Begrenzungen und ist eher für kleine lokale Energiesysteme konzipiert. Komplexere Energiesysteme lassen sich unter Verwendung des MES-Models veranschaulichen, das dem Hub-Model in vielen Bereichen ähnelt. Es erlaubt, die multimedialen Systeme in der Makroskala darzustellen und dessen Gestaltung global zu optimieren. In Abb. 2.4 ist eine allgemeine Darstellung einer MES-Einheit und eines Netzwerks beispielhaft dargestellt. Diese Modelle sind besonders bei der Planung multimedialer Energiesysteme auf (kommunaler) Verbraucherebene nützlich.

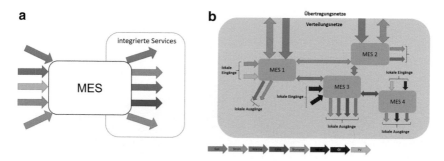

Abb. 2.4 Komplexe multimediale Energiesysteme MES: (**a**) allgemeine Darstellung, (**b**) MES-Netzwerk [15]

Bei komplexen Systemen, wie z. B. Energiesystemen, ist es praktisch unmöglich, ein globales Optimum zu bestimmen, da die Anzahl der zu analysierenden Lösungen zu groß ist. Um den Lösungsraum zu verkleinern, werden Variable, die einen weiten Suchbereich beschreiben, auf sinnvolle kleinere Mengen reduziert. Da es sich bei der Konzeptplanung von Energiesystemen grundsätzlich um eine Ausbauplanung handelt und der Planungsbeginn auf der grünen Wiese nur für kleine, lokale Energiesysteme sinnvoll ist, wird der Ausgangspunkt immer durch den aktuellen Zustand des Energiesystems definiert.

Die Ausbauphasen, die in Zeitschritten erfolgen, werden meist in Form von Soll- und Ist-Zuständen, Systemzuständen oder Szenarien definiert. Es können Jahres-, bzw. 5- oder 10-Jahresausbauszenarien generiert werden. Der *Ten-Year Network Development Plan* (TYNDP) beispielsweise ist als fortlaufendes Szenario für die kontinuierliche Entwicklung des europäischen Netzverbundes unter Koordination der ENTSO-E zu verstehen.

Wird für eine Ausbaustufe (Planungsphase) ein gewünschtes Szenario vorgeschlagen, das grundsätzlich durch technische Notwendigkeiten zu begründen ist, unterstützt dies eine öffentliche Diskussion, wobei neben den technischen auch viele andere Aspekte von verschiedenen Interessengruppen vorgebracht und im Entscheidungsprozess berücksichtigt werden sollten. In Abb. 2.5 ist der Entscheidungsprozess in vereinfachter Form als das Drei-Säulen-Modell dargestellt, das bei der Energiewende in Deutschland zur Anwendung kommt.

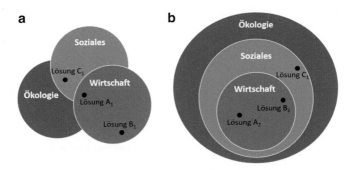

Abb. 2.5 Lösungsraum im Drei-Säulen-Modell der Energiewende: (**a**) Nachhaltigkeitsmodel, (**b**) Vorrangmodel der Nachhaltigkeit

2.1.4 Energienutzung in den Sektoren – Perspektive 2050

In Deutschland werden dazu unterschiedliche Systematiken genutzt, wobei das Vier-Sektoren-Schema am häufigsten für die energetische Betrachtung der Wirtschaft herangezogen wird, da die Sektoren dort vergleichbare Energieverbräuche aufweisen. Es enthält die Sektoren:

- Industrie – 29 % (globalen Energieverbrauch),
- Verkehr – 31 %,
- Haushalt – 26 %,
- Gewerbe-Handel-Dienstleistungen (GHD) – 14 %.

Sektor: Industrie
Die Bereiche Bergbau sowie verarbeitendes Gewerbe und Industrie nehmen gemeinsam einen Anteil von 29 % am Endenergieverbrauch in Deutschland ein. Damit ist der Bereich der zweitgrößte Endenergieverbraucherbereich in Deutschland nach dem Verkehr, aber noch vor den privaten Haushalten und Gewerbe/Handel/ Dienstleistungen angesiedelt.

Seit 1990 unterliegt der Endenergieverbrauch des Industriebereiches starken Schwankungen, die in Abhängigkeit von der Zusammenstellung des Endenergieverbraucherkreises, der aktuellen wirtschaftlichen Lage, dem Maß an Energieeffizienzmaßnahmen und Erneuerungsstand im Allgemeinen zwischen 2977 PJ (827 TWh) im 1990 und 2516 PJ (699 TWh) im 2021 liegen [16].

Durch die Etablierung einer Energieeffizienz- und Klimastrategie sowie Anpassungen in den Geschäftsmodellen wird bis 2050 ein Rückgang des Endenergieverbrauches auf ca. 1759 PJ (489 TWh) erwartet. Die maßgebliche Minimierung beruht hierbei vor allem auf den Bereichen der Wärmeversorgung (Warmwasser und Raumwärme), die durch neue Produkte am Markt umgestaltet, durch Effizienzmaßnahmen am Bestand optimiert und durch Entwicklungen im Areal des energieeffizienten Bauens sowie der effizienten Technologien reduziert werden. Maßgeblich für die deutliche Reduktion der Endenergieverbräuche wird die Einführung von Net-Zero-Energy Methoden in Fabriken, in Industriestandorten und in einzelnen Gebäuden sein. Bei Net-Zero-Energy-Ansätzen handelt es sich um die Etablierung von Energiesystemen, die als Planungsgrundlage die Kombination aus Eigenverbrauchsdeckung, Fremdenergieverdrängung und Energiespeicherung in Betracht ziehen, um die Versorgung der Bereiche Strom, Wärme, Gas und Mobilität sicherzustellen. Zielstellung ist es, die Emissionen von Energie über die Bilanzgrenzen der Fabrik hinaus zu minimieren bzw. zu eliminieren. Voraussetzungen für die Umsetzung sind die systemische Integration von erneuerbaren Energien, Wandlung von Strom in Wärme, Gas und Kraftstoffe sowie die direkte Produktion letzterer im und aus dem Bezugssystem heraus.

Sektor: Transport – Elektromobilität
Ohne Personen- und Warenmobilität ist ein Wirtschafts- und ein gesellschaftliches Leben nicht vorstellbar. Die übergeordnete Rolle der Versorgungssicherheit mit Gütern des täglichen Lebens, die Mobilität zur flexiblen Arbeits- und Lebensgestaltung erzwingen hier Infrastrukturen mit 645.000.000 km Streckenlänge allein in Deutschland, bei einer Netzdichte von 1805 m/km^2 [3]. Mit 31 % ist der Verkehrssektor der größte Endenergieverbraucher im Vergleich zu Haushalt, GHD und verarbeitendem Gewerbe inkl. Bergbau. Dieser Bereich umfasst unter anderem die individuelle Mobilität, die in Deutschland ca. 70 % des gesamten Personenverkehrs ausmacht. Neben öffentlichen Verkehrseinrichtungen gehören zudem die Güter- und Schwerlastverkehre mit in diesen Bereich.

Die 2743 PJ (762 TWh) an Endenergie im Bereich Verkehr speisen sich 2021 [16] fast ausschließlich aus dem Bereich der Mineralöle. Mit 1,5 % Strom und 4,1 % Erneuerbare sowie 0,2 % Weitere ist der Anteil an Alternativen rar gesät. 94,1 % der aktuellen Mobilität in Deutschland werden auf Mineralölen basierend ermöglicht, was das starke Defizit in der Verteilung zwischen klassischer fossil-basierter Mobilität und alternativen Technologiezweigen, wie batterie- und wasserstoff-basierter Elektromobilität verdeutlicht.

Zudem spielen Gasfahrzeuge unabhängig vom Einsatz fossiler oder erneuerbarer Gase nahezu keine Rolle im aktuellen deutschen Verkehrsbild. Die klassischen Verbraucher im Bereich Benzin und Diesel dominieren den Endenergieverbrauch. Die angestrebte Mobilitätswende auf Basis europäisch und deutschlandweit induzierter Klimaschutzmaßnahmen zur CO_2-Reduktion läuft nur schleppend an und benötigt, basierend auf der aktuellen Verteilung, weitere Anreize [17].

Die bestimmende Größe im Bereich Verkehr ist die Bereitstellung mechanischer Energie mit einem Endenergieverbrauch von 98,6 % des Gesamtendenergieverbrauches dieses Sektors. Die restlichen 1,4 % verteilen sich auf Raumwärme zur Beheizung der Fahrzeuginnenräume, Klimakälte zur Klimatisierung der Fahrzeuge sowie IKT für moderne Fahrzeug-Software und Beleuchtung.

Die sich gerade im Anlauf befindliche Verkehrswende, die grundsätzlich zur Elektrifizierung eines großen Teils des Transportes führen soll, verlangt die Erschaffung eines ganz neuen Systems, eines Elektromobilitätssystems, das mit allen Akteuren, Komponenten und Infrastrukturen als ein sehr komplexes und umfangreiches System zu sehen ist (s. schematische und beispielhafte Darstellung in Abb. 2.6). Die jeweilige Infrastrukturebene (elektrisches Netz, Verkehr und Informations- und Kommunikationstechnologien) soll nicht nur die Aufgaben der eigenen Infrastruktur realisieren können, sondern darüber hinaus die Mehrwertdienste für die andere Ebene ermöglichen und als Systemkoppler dienen. Die elektrische Netzinfrastruktur ist vor allem für die Sicherheit und Zuverlässigkeit der Energieversorgung verantwortlich, also für die kontinuierliche Gleichgewichtsherstellung zwischen Verbrauch und Erzeugung. Dabei gilt es, die zunehmenden und sehr flexiblen Lasten/Speicher (Elektromobilität) zu berücksichtigen und vor allem im Sinne einer Zero- Emission-Elektromobilität die Integration der regenerativen Energiequellen zu bevorzugen.

Die Informations- und Kommunikationsinfrastruktur hat innerhalb des Elektromobilitätssystems die generelle Aufgabe, alle notwendigen Daten- und Informationen bereitzustellen. Hierzu gehören u. a. Statusinformationen, beispielsweise bezüglich bestehender Kommunikationsverbindungen zur Ladestation, eine gültige Nutzerauthentifizierung, Abrechnung der Ladevorgänge sowie im Netz erfasste Parameter und geschäftliche Prozesse, welche es sicher und zuverlässig zu übertragen gilt. In [3] werden die Gesamtarchitektur des Systems sowie Einzelheiten der Komponenten und Akteure der jeweiligen Infrastruktur beschrieben, die notwendig sind, um das Elektromobilitätssystem umsetzen zu können.

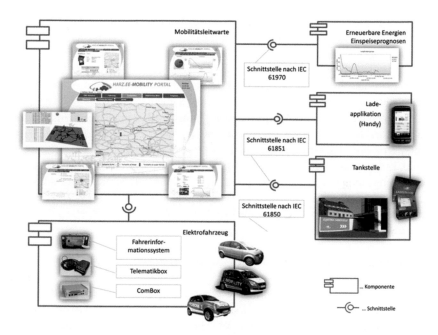

Abb. 2.6 Elektromobilitätssystem – Komponenten und Schnittstellen am Beispiel des Forschungsvorhabens Harz. Erneuerbare Energien-Mobility [3]

Sektor: Haushalt

Mit 26 % des Endenergieverbrauches handelt es sich bei den Haushalten, nach Gewerbe, Handel und Dienstleistung, um den zweitkleinsten Endenergieverbraucher in Deutschland [16,18]. Die Haushalte, auch Privathaushalte genannt, umfassen kleine Wirtschaftseinheiten, in denen einzelne Personen, Paare und Familien leben. In knapp 40 Mio. Haushalten in Deutschland werden ca. 70 Mrd. € für Strom, Gas und weitere Energieträger ausgegeben, wobei ca. 90 % der Energie für Heizung und Warmwasser aufgewendet werden. Die 2412 PJ (670 TWh) an Endenergie im Bereich Haushalte teilt sich 2021 [16] auf nahezu das gesamte Spektrum der Energieträger und -bereitstellungsvarianten auf (s. Tab. 3.2 [1]). Mit 0,9 % umfasst die Kohle die geringsten Anteile der direkten Nutzung zur Wärmebereitstellung, gefolgt von 7,7 % für die Versorgung mit Fernwärme. Während Kohle vor allem in kleinen Feuerstellen und Kachelöfen eingesetzt wird und im ländlichen Raum bis heute noch häufig anzutreffen ist, sind Fernwärmesysteme vor allem im urbanen

Raum mit von Stadtwerken geprägten Infrastrukturen anzutreffen, die auf klassi-
sche Heizwerke und Kraft-Wärme-Kopplungs-Anlagen wie Blockheizkraftwerke
zurückgreifen, um die Wärmeversorgung der Bevölkerung sicherzustellen.
    Die erneuerbaren Energien und sonstigen Energieträger umfassen aktuell
ca. 13,7 % am Endenergieverbrauch, gefolgt von Mineralölen mit 18,4 %. Auch
hier ist die infrastrukturferne Wärmeversorgung auf Heizölbasis maßgeblich für die
getroffenen Aufwände. Die Hauptanteile am Endenergieverbrauch im Haushalt sind
auf die direkte Strom- bzw. Gasbereitstellung aus dem jeweiligen Versorgungsnetz
zurückzuführen und weisen einen Anteil von 19,6 % beim Strom und 39,6 % bei Gas
(inkl. Erdgas) aus. Während sich seit 2010 der Endenergieverbrauch in den Haushalten bereits durch Energieeffizienzmaßnahmen und veränderte Anforderungsprofile
der Bevölkerung von ca. 2700 PJ (750 TWh) auf 2412 PJ (670 TWh) 2021 ver-
ringerte, wird bis 2050 eine deutliche Reduzierung auf unter 500 PJ (139 TWh)
erwartet.

Sektor: Gewerbe – Handel – Dienstleistungen (GHD)
Mit 14 % des Endenergieverbrauches handelt es sich bei dem Sektor Gewerbe,
Handel und Dienstleistung um den kleinsten Endenergieverbraucher in Deutschland.
Dieser Bereich umfasst vor allem die kleinteilig strukturierte Industrie, die von
Einzelhandel bis hin zum Handwerk das gesamte Spektrum der Beschäftigten in
Deutschland umfasst. 4 von 5 Unternehmen sind im Bereich Dienstleistung aktiv
und vor allem die kleinen und mittleren Betriebe beschäftigen 61 % der berufstätigen
Personen, u. a. in ca. 560.000 Handwerksbetrieben in Deutschland.
    Im Gegensatz zum zweitkleinsten Endenergieverbrauchsbereich – den Haushal-
ten – ist die Wärmeversorgung nur mit einem Anteil von 57,6 % am Endenergieverbrauch beteiligt, macht allerdings weiterhin die größte Position aus [16]. Die 1386
PJ (385 TWh) an Endenergie im Bereich GHD verteilen sich 2021 [16] auf nahezu
das gesamte Spektrum der Energieträger. Mit 0,1 % umfasst die Kohle die geringsten Anteile der direkten Nutzung zur Wärmebereitstellung, gefolgt von 1,8 % für
die Versorgung mit Fernwärme. Die Wärmeversorgung über diese beiden Bereiche
spielt für den GHD-Sektor aufgrund der flächendeckenden Verteilung der Betriebe
in Deutschland eine untergeordnete Rolle. Eine Fokussierung auf urbane Räume
mit Bezug zur Fernwärme ist nicht vorhanden und ein Altbestand an Wärmesyste-
men auf Kohlebasis kaum noch anzutreffen. Die verkehrstechnische Infrastruktur in
Deutschland ermöglicht die branchenspezifische Aktivität sowohl aus dem ländlichen als auch dem urbanen Raum heraus. Die erneuerbaren Energien und sonstigen
Energieträger umfassen aktuell ca. 8,9 % am Endenergieverbrauch, gefolgt von
Mineralölen mit 19,9 %. Analog zu den Haushalten ist hier die infrastrukturferne
Wärmeversorgung auf Heizölbasis maßgeblich für die bezifferten Aufwände.

Die Hauptanteile am Endenergieverbrauch im GHD-Sektor sind auf die direkte Strom- und Gasbereitstellung aus den Versorgungsnetzen zurückzuführen und werden mit 41,3 % für Strom und 28,1 % für Gas (inkl. Erdgas) beziffert. Im Gegensatz zu den Haushalten ist die Stromversorgung die Hauptabnahme im GHD, gefolgt von den klassischen fossilen Energieträgern, die vor allem für die Wärmeversorgung eingesetzt werden.

2.2   Kritische Infrastrukturen

2.2.1   Systematik

Mit der hohen Lebensqualität in vielen Ländern (vgl. Abb. 1.2) ist auch die Abhängigkeit der Menschen von technischen Infrastrukturen und deren Teilsystemen gestiegen. Während noch vor wenigen Jahrzehnten die Stromversorgung auch in den Industrieländern häufig ausfiel, ist Elektrizität heute eine der zuverlässigsten Energiequellen. Die elektrische Energieversorgung zählt daher zu den sogenannten kritischen Infrastrukturen. Gleiches gilt für Transport und Verkehr, die in der heutigen globalisierten Welt unverzichtbar sind.

Gemäß Definition des Bundesamtes für Sicherheit in der Informationstechnik (BSI) sind „Kritische Infrastrukturen (KRITIS) Organisationen oder Einrichtungen mit wichtiger Bedeutung für das staatliche Gemeinwesen, bei deren Ausfall oder Beeinträchtigung nachhaltig wirkende Versorgungsengpässe, erhebliche Störungen der öffentlichen Sicherheit oder andere dramatische Folgen eintreten würden" (vgl. Abb. 1.1; [3]).

Neben den Sektoren Energie (Strom und Gas) und Transport/Verkehr zählen auch die Informationstechnik und Telekommunikation sowie die Wasserversorgung zu den lebenswichtigen technischen Basisinfrastrukturen. Einen Überblick über alle Sektoren und Branchen kritischer Infrastrukturen gibt Tab. 2.2 [3].

2.2.2   Smart Grid – elektrisches Energienetz in Deutschland

Die Stromnetze in Deutschland gehören zu den modernsten der Welt. Sie sind sehr zuverlässig und ermöglichen durch die starke Vernetzung im europäischen Netzverbund (ENTSO-E) einen wirtschaftlich optimalen Betrieb bei unterschiedlichen Last- und Wettersituationen. Das elektrische Energiesystem versorgt in Deutschland mehr als 80 Mio. Menschen kontinuierlich mit Energie, bei einer

Tab. 2.2 Systematik der kritischen Infrastrukturen gemäß Bundesministerium für Inneres

Technische Basisinfrastrukturen	Sozioökonomische Dienstleistungsinfrastrukturen
Energieversorgung (EV)	Gesundheitswesen, Ernährung
Informations- und Kommunikationstechnologie (IKT)	Notfall- und Rettungswesen
Transport und Verkehr (TuV)	Parlament, Regierung, öffentliche Verwaltung, Justizeinrichtungen
(Trink-) Wasserversorgung und Abwasserentsorgung	Finanz- und Versicherungswesen
	Medien und Kulturgüter

durchschnittlichen jährlichen Unterbrechung des elektrischen Gesamtsystems von ca. 12 min. Strom ist heute aus dem täglichen Leben nicht mehr wegzudenken. Die Übertragungsnetze (Nennspannung 380 kV), die Hauptschlagadern des elektrischen Energiesystems, haben eine Länge von 36.000 km. Zusammen mit allen Hausanschlüssen im Niederspannungsbereich hat das Stromnetz in Deutschland eine Gesamtlänge von ca. 1,8 Mio. km und ist damit mehr als 40-mal so lang wie der Äquator.

Seit einigen Jahren wird das Stromnetz zu einem sogenannten Smart Grid umgebaut. Die Hauptmerkmale des Smart Grid [5] sind u. a:

- hoher Automatisierungsgrad, der für eine intelligente Steuerung notwendig ist;
- Vorhandensein von flächendeckend installierten, modernen und intelligenten Mess- und Abrechnungssystemen;
- Vorhandensein moderner Lastmanagementsysteme wie FACTS, STATCOM, HGÜ-Leitungen etc.;
- gerechte Gestaltung des Energiemarktes.

Übersicht

Ein Smart Grid (intelligentes Stromnetz) ist ein Stromnetz [5], das die Aktivitäten aller angeschlossenen Nutzer – Erzeuger, Verbraucher und derjenigen, die eine nachhaltige, wirtschaftliche und sichere Stromversorgung gewährleisten – intelligent steuert.

Ein Smart Grid kombiniert innovative Produkte und Dienstleistungen mit intelligenten Überwachungs-, Steuerungs-, Kommunikations- und Selbstheilungstechnologien und ermöglicht dadurch:

- *das Netz in die Lage zu versetzen, Verbraucher mit neuen Anforderungen zu integrieren;*
- *den Anschluss und Betrieb von Erzeugern aller Größen und Technologien zu erleichtern und damit die Effizienz des Netzbetriebs zu erhöhen;*
- *die Stromverbraucher in die Lage zu versetzen, zur Optimierung des Netzbetriebs beizutragen;*
- *den Verbrauchern mehr Informationen und Wahlmöglichkeiten in Bezug auf die Sicherheit ihrer Stromversorgung zu geben.*

In Abb. 2.7 ist das Stromnetz in Deutschland dargestellt und gleichzeitig der Realisierungsstand der Vorhaben aus dem Bundesbedarfsplangesetz (BBPlG) und dem Energieleitungsausbaugesetz (ENLAG) markiert. Es wird deutlich, dass die Karte (Abb. 2.11) einer aufgerissenen Baustelle gleicht und trotz der sehr hohen Netzdichte in Deutschland derzeit sehr viele Um- und Ausbaumaßnahmen sukzessive durchgeführt werden müssen, um das Netz für die neuen Aufgaben zu ertüchtigen. Die Aufgaben sind in [19] näher beschrieben.

Netzflexibilität. Energiespeicher

Die rasche Zunahme der regenerativen Erzeugung erfordert von den Übertragungsnetzbetreibern neue Strategien, um die Volatilität dieser Erzeugung auszugleichen. Das elektrische Energiesystem bleibt nur dann im Gleichgewicht, wenn in jeder Sekunde (oder besser in jeder Millisekunde) ein Gleichgewicht zwischen der Nachfrage und dem Angebot von Energie besteht. In der Vergangenheit folgte das Angebot der Nachfrage, da die Erzeugungsanlagen (Kraftwerke) vollständig gesteuert betrieben werden konnten. Heute und erst recht in Zukunft ist und wird die Erzeugung nicht mehr vollständig steuerbar sein, da sie in hohem Maße vom Angebot der Sonneneinstrahlung und der Windenergie abhängig ist. Auch die entsprechenden, heute zwar schon sehr genauen Wetterprognosen, die zur Vorhersage

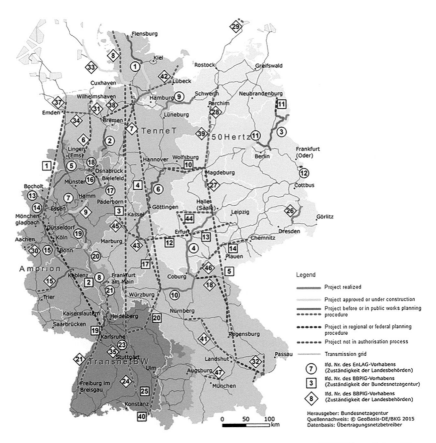

Abb. 2.7 Stand der Vorhaben aus dem Bundesbedarfsplangesetz (BBPlG) und dem Energieleitungsausbaugesetz (ENLAG) (3. Quartal 2022) [19]

der regenerativen Erzeugung verwendet werden, sind naturgemäß fehlerbehaftet, sodass die Prognosefehler durch zusätzliche Maßnahmen ausgeglichen werden müssen. Zum einen können, z. B. bei einem Energiedefizit im Netz, regelbare Lasten abgeschaltet werden. Man spricht dann von *Demand Side Management,* also einer DSM-Maßnahme [5]. Zum anderen kann in diesem Fall in Batteriespeichern gespeicherte Energie das Defizit ausgleichen [2] und nicht zuletzt können schnelle Gas- oder später Wasserstoffkraftwerke die Energieproduktion erhöhen [23].

Diese und andere Maßnahmen erhöhen die Flexibilität des Systems, die durch die Sektorenkopplung noch gesteigert werden kann, z. B. können Autobatterien auch im Defizitfall zur Systemunterstützung genutzt werden, oder einzelne Industrieprozesse, die auch Wasserstoff beziehen, können heruntergefahren werden, um den Wasserstoff zur Erzeugung der elektrischen Energie zu nutzen. Diese und andere Anwendungen, die die Netzflexibilität in einem GES heute und vor allem in Zukunft erhöhen werden, sind in unseren Büchern [1–5] ausführlich dargestellt.

Abb. 2.8 zeigt schematisch die Idee der Flexibilisierung des Smart Grids.

Einerseits sind es die Verbraucher, die Energie (in welcher Form auch immer) nachfragen (siehe rechte Schale der Waage in Abb. 2.8). Auf der anderen Seite sind es die Erzeuger, die das entsprechende Angebot bereitstellen (linke Schale). Sowohl Erzeuger als auch Verbraucher haben eigene Flexibilisierungsmöglichkeiten, wie die bereits erwähnten DSM-Maßnahmen oder die Drosselung der Erzeugung.

Eine andere Möglichkeit zur Flexibilisierung des Netzes bietet die Gruppe der Energiespeicher [2] (in Abb. 12 oben im Bild platziert), die alleinig zu diesem Zweck im System eingesetzt werden und je nach Bilanzabweichung Energie sowohl

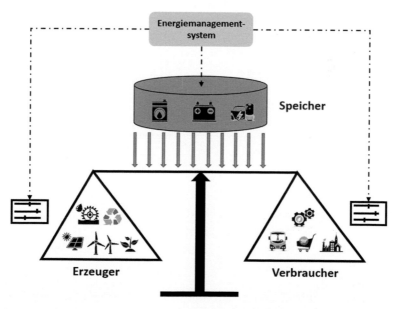

Abb. 2.8 Schematische Darstellung der Energiebilanzierung in einem GES mit DMS-gesteuerten Flexibilitätsoptionen. (Quelle: Icons © Adobe Stock)

elektrisch als auch in Form von Wasserstoff ein- oder ausspeichern können. Damit kann das ungeplante Angebot bzw. der Verbrauch aktiv ausgeglichen und damit das Gleichgewicht im Netz punktuell wiederhergestellt werden. Je größer die Speicher sind und je schneller sie reagieren können, desto größer ist ihre Unterstützung für den Netzbetrieb.

In der Tab. 2.3 sind geplanter Verbrauch und Flexibilitätspotenzial in Deutschland im Jahr 2045 im Vergleich zu heute (Zahlen in Klammern) dargestellt.

Die Daten in Tab. 2.3 verdeutlichen, dass für die Flexibilisierungsanlagen eine enorme Leistungssteigerung vorgesehen ist. In allen Bereichen ist eine Steigerung um den Faktor 10 bis 100 vorgesehen. Diese Prognosen wurden auf Grundlage zahlreicher Simulationen für verschiedene, auch kritische, Szenarien berechnet.

Dennoch kann es sowohl heute als auch in Zukunft zu einem Blackout im deutschen/europäischen Netz kommen. Ein Blackout ist grundsätzlich eine großflächige Störung im Netz, die aufgrund großer Ungleichgewichte (z. B. durch Ausfall eines Großkraftwerks oder fehlerhafter Netzschaltungen) nicht rechtzeitig ausgeglichen werden kann und meist zu einer Aufspaltung des Gesamtnetzes in kleine Teilnetze führt. In einem solchen Fall besteht das Hauptproblem darin, die Funktionsfähigkeit des Gesamtnetzes wiederherzustellen. Da in den meisten Fällen die Teilsysteme unterschiedliche Netzfrequenzen aufweisen, müssen sie durch den Netzwiederaufbau wieder miteinander synchronisiert werden.

Tab. 2.3 Verbrauch und Flexibilitätspotenzial nach NEP 2023–2037/2045 [13]

Verbrauch brutto TWh		In 2045 (in Klammer heute)	
		1303 (533)	
Flexibilitäten GW			
	PV-Batterien	113,4 (1,3)	
	Großbatterien	54,5 (0,5)	
	DSM (Industrie und GHD)	12,0 (1,2)	
Flexibilitäten TWh			
	Gasspeicher	250 (243)	Deutschland – Spitzenreiter [20]
	Batteriespeicher	0,3 (0,01)	

In zukünftigen elektrischen Energiesystemen können andere Maßnahmen für den Netzwiederaufbau erforderlich sein als heute. Bereits heute werden solche Vorgänge eingehend untersucht und entsprechende Resynchronisierungsszenarien erarbeitet [21]. Grundsätzlich wird das Smart Grid als Netz wesentlich resilienter und kann im Falle eines Blackouts auf unterschiedliche, der konkreten Situation angepasste, Weise wieder hochgefahren werden [2, 21].

Energiehandel und Marktdesign

Die Energiemärkte, an denen alle Energieprodukte sowie Strom und Gas gehandelt werden, sind heute dereguliert und grundsätzlich national organisiert. In Deutschland ist der Strommarkt europaweit einzigartig in vier Regelzonen aufgeteilt, die unabhängig voneinander bilanzieren und jeweils von einem Übertragungsnetzbetreiber überwacht werden. Abb. 2.9 stellt diese Einteilung im europäischen Kontext grafisch dar.

Die Grundlage für die Energiebilanzierung bildete bis zum Jahre 2019 die MaBiS (BNetzA-Festlegung: Marktregeln für die Bilanzkreisabrechnung Strom) aus dem Jahre 2009. Diese regelt den Austausch bilanzierungsrelevanter Stamm- und Bewegungsdaten im Rahmen der Abwicklung der Bilanzkreisabrechnung. Ziele der Festlegung sind:

1. **50Hertz**
2. TenneT TSO
3. Amprion
4. TransnetBW

Abb. 2.9 Die vier deutschen Übertragungsnetzbetreiber und ihre Bilanzierungsgebiete im europäischen Kontext

- vollständige und randscharfe Zuordnung aller Energiemengen in den Regelzonen/Bilanzierungsgebieten,
- Sicherstellung einer einheitlichen Energiemengenzuordnung über Zählpunkte,
- Erreichung einer qualitativ hochwertigen Bilanzkreisabrechnung (2 Monate nach Liefermonat),
- möglichst gerechte Verteilung des wirtschaftlichen Risikos fehlerhafter Bilanzierungsdaten,
- bundesweit effizientester Austausch von bilanzrelevanten Massendaten.

Die bei der Bilanzierung verwendeten Begriffe sind in der Tab. 2.4 zusammengestellt. Jeder Marktteilnehmer hat eine ihm zugeschriebene Marktrolle. Der ÜNB der jeweiligen Regelzone ist auch Bilanzkoordinator (BIKO). Der VNB verknüpft die Energiemengen der Kunden mit dem jeweiligen Netzanschlusspunkt. Die Bilanzkreisverantwortlichen (BKV) sorgen mit hoher Prognosegüte für eine ausgeglichene Bilanz in ihren Bilanzkreisen.

Im Jahr 2020 wurde eine verbesserte Systematik für die Energiebilanzierung eingeführt. Mit der MAKO 2020 sind mit dem Messstellenbetreiber (MSB) und dem ÜNB zwei neue Marktrollen eingeführt worden. Diese Rollen sind grundsätzlich im Gesetz zur Digitalisierung der Energiewende von 2016 beschrieben und werden auch

Tab. 2.4 Systematik der Begriffe der Bilanzierung nach MaBiS und deren Bedeutung

Begriff	Bedeutung
Anschluss	Verbindung eines Gebäudes mit dem Stromnetz des örtlichen Netzbetreibers; in der Regel ist er auch der Messstellenbetreiber. Das heißt, der Netzbetreiber stellt auch den notwendigen Messzähler zur Verfügung
Verteilnetzbetreiber	Erbringen der Dienstleistung „Durchleitung von Strom von Produzenten zum Endkunden"
Messstellenbetreiber	Eigentümer des Stromzählers ist in der Regel das Unternehmen, das den Zähler Eingebaut hat und ihn betreibt. Zur Dienstleistung zählt auch das Ablesen des Zählers und die Übermittlung der Daten an Stromlieferant und Netzbetreiber
Lieferant	Für die Belieferungen der Kunden mit Strom verantwortlich, dabei kann es sich um das Stadtwerk vor Ort oder ein regional bis bundesweit agierendes Unternehmen handeln
Vertrieb	Vertreibt Strom und gibt ihm einen Preis und ggf. eine Marke

im Kap. 6 [1] genauer erläutert. Das Zusammenspiel der Marktrollen ist schematisch in Abb. 2.10 dargelegt.

Der Grundbegriff in der MAKO-konformen Marktgestaltung ist der Bilanz-kreis. Das Konzept der Bilanzkreise umfasst die Verpflichtung der Netzbetreiber

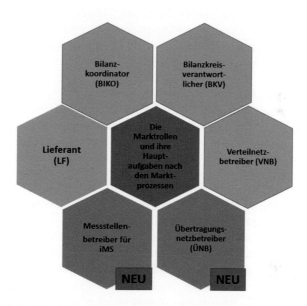

Abb. 2.10 Marktrollen in der digitalen Energiewirtschaft nach MAKO 2020 [22]

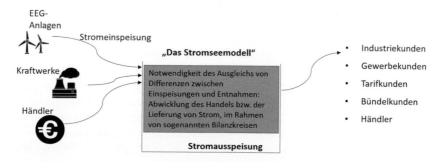

Abb. 2.11 Charakteristiken eines Bilanzkreises: das Stromseemodell

zur viertelstündlichen Messwertbereitstellung jeder eingespeisten und ausgespeisten Strommenge in kWh für ihre metrologisch abgegrenzten Bilanzkreise. Abb. 2.11 zeigt charakteristische Merkmale einer Bilanzgruppe in Form eines Stromseemodells.

Der Bilanzkreis ist für den Ausgleich und die Abrechnung des Stromhandels zwischen Lieferanten (EEG-Anlagen, Kraftwerke, Händler, s. auch Abb. 2.15) und verschiedenen Kunden zuständig. Grundsätzlich ist der Bilanzkreis ein virtuelles Gebilde, das die Grundlage für die Teilnahme am Stromhandelsmarkt bildet und eine geordnete Versorgung der Endverbraucher mit Strom ermöglicht.

Messstellenbetrieb: Rolle des Smart-Meter-Rollouts

Die Durchführung der Bilanzierung auf dem Energiemarkt ist nur durch eine komplexe Messtechnik möglich. Der Messstellenbetrieb stellt eine moderne und zuverlässige Messung und Zählung im Energiesystem sicher. Kommerzielle Energielieferungen werden über Zähler abgerechnet. Sie haben eine zentrale Bedeutung für den Cashflow im Unternehmen (z. B. beim ÜNB, VNB, Erzeugungsunternehmen). Im Zuge der Energiewende nimmt die Vielfalt der gemessenen Objekte zu. Neben Erzeugern und Verbrauchern müssen heute auch neue Kunden wie Energiespeicher und Prosumer (Teilnehmer, die je nach Situation sowohl als Energielieferant oder -abnehmer auftreten) abgerechnet werden.

Unterschieden wird zwischen dem grundzuständigen (gMSB) und dem wettbewerblichen Messstellenbetrieb (wMSB) [1]. Der gMSB bedient die eigenen, unmittelbaren Netzanschlüsse (für den ÜNB sind das die Anschlüsse zu den angeschlossenen VNB, Kraftwerken, Kundenanlagen). Der wMSB kann beliebigen Kunden Messdienstleistungen anbieten. Im Zuge der Liberalisierung des Strommarktes in Deutschland ist diese Dienstleistung seit 2008 möglich.

Der Stand der Einführung von intelligenten Zählern ist in der EU sehr unterschiedlich. In [1] werden der Stand und die Pläne zur Einführung von Smart Metern in Europa dargestellt. Es wird gezeigt, dass es auch Länder gibt, die noch keine Pläne für den Einsatz von Smart Metern haben. In Deutschland wurden Smart Meter bereits in den 2000er Jahren getestet. In seiner Sitzung am 12.5.2023 hat der Bundesrat dem vom Bundestag beschlossenen Gesetz zur Beschleunigung der Digitalisierung der Energiewende zugestimmt. Damit wird der Einbau von intelligenten Stromzählern (Smart Meter) beschleunigt. Die Systeme sollen helfen, Energie effizient und kostengünstig zu nutzen und das Stromnetz zu entlasten. Bis 2030 soll der flächendeckende Ausbau in Deutschland abgeschlossen sein, heißt es im Gesetz.

Netzleitwarte

Die Übertragungsnetzbetreiber sind für den sicheren Netzbetrieb in den jeweiligen Regelzonen verantwortlich. Sie planen und gewährleisten den notwendigen Ausgleich von Angebot und Nachfrage an elektrischer Energie in jeder Sekunde und sorgen auch für die Bereitstellung der so genannten Netzdienstleistungen (z. B. Blindleistung, Regelreserve). Da viele erneuerbare Energien an das Verteilnetz angeschlossen sind, arbeiten die ÜNB folgerichtig immer enger mit den Verteilnetzbetreibern zusammen, um einen sicheren Netzbetrieb zu gewährleisten.

Die Netzführung erfolgt von einer Leitwarte (eng. Control Center) aus, in der das Geschehen im Netz durch die umfangreiche Überwachung der unzähligen Messsignale 24/7 beobachtet und gesteuert wird. Die Netzführung folgt einem Fahrplan, in dem Lasten und Erzeugung bilanziert werden. Die Fahrpläne werden in der Regel für 24 h erstellt und sind so optimiert, dass die günstigste (meist erneuerbare) Energie zur Deckung der Nachfrage beschafft wird. Während des Betriebs werden kleinere Abweichungen in den Fahrplänen automatisch korrigiert. Größere Abweichungen (z. B. aufgrund von Prognosefehlern oder Ausfall von Erzeugern) werden durch den Betreiber in einem sogenannten Re-Scheduling-Prozess korrigiert.

Elektrische Netze werden von einer Leitwarte (Control Center, vgl. Abb. 2.12) aus überwacht und gesteuert. Die Steuerung erfolgt meist automatisch und folgt deterministischen Algorithmen, die auf analogen Modellen der Netzelemente und des Netzverhaltens basieren. Seit einigen Jahren werden auch intelligente Techniken (Stichwort: Künstliche Intelligenz) in Form von Expertensystemen [4] vor allem in der Betriebsplanung eingesetzt. Als Beispiel seien hier Last- und Erzeugungsprognosen genannt, die mithilfe neuronaler Netze modelliert werden können [4].

2.2.3 Wasserstoffnetze – die zweite Säule des GES

Der Verzicht auf fossile Brennstoffe bei der Stromerzeugung ist denkbar, teilweise erprobt und bereits weit fortgeschritten (regional werden bereits heute mehr als 60 % der elektrischen Energie pro Jahr regenerativ erzeugt). Für die notwendige erhöhte Flexibilität des elektrischen Energiesystems bei hoher EE-Einspeisung (bis zu 100 %) werden zunehmend Gaskraftwerke als Regel- und

Reservekraftwerke (ab 2030 nach Kohleausstieg) ausschließlich eingesetzt, da nur diese Erzeugungstechnologie schnelle Leistungsänderungen (im Sekundenbereich) ermöglicht, die die Volatilität der EE ausgleichen können. Bereits heute sind in Deutschland rund 31,3 GW Gasturbinenleistung installiert. Zusätzlich befinden sich Gaskraftwerke mit einer Leistung von 3,9 GW im Bau. Die Eignung bestehender und im Bau befindlicher Gaskraftwerke für den H_2-Betrieb wird jedoch noch geprüft, wie aus der Antwort der Bundesregierung für das Jahr 2022 hervorgeht [23]. Aus den allgemeinen Abschätzungen und Planungen ergibt sich, dass das Stromsystem in Deutschland im Jahr 2030 und danach insgesamt etwa 45–60 GW an installierter Leistung in Gas- und H_2-Turbinen benötigt. Dies zeigt die Größenordnung der zukünftigen Herausforderungen. Derzeit sind einige Hersteller wie z. B. Siemens, GE, Mitsubishi und Kawasaki in der Lage, Gaskraftwerke mit einem Gas-H_2-Gemisch von 0 bis 100 % H_2 zu betreiben. Im Arbeitsbereich zwischen 70 und 100 % Wasserstoff sind die Parameter für einen stabilen Betrieb noch in der Erprobung. Nicht nur, dass die Turbinen in diesem Bereich an Leistung verlieren, auch die Flammenstabilisierung stellt eine Herausforderung dar. Offensichtlich verbrennt der Wasserstoff zu schnell und die Flamme neigt zum Erlöschen. Es gibt noch keine endgültigen, industriell erprobten Lösungen, aber die Probleme sind bekannt, da seit etwa 10 Jahren daran geforscht wird. Insgesamt sind die Herausforderungen in diesem Bereich erkannt worden, und es besteht die begründete Hoffnung, dass die erforderlichen Lösungen bis 2030 für die Industrie verfügbar sein werden.

In anderen Sektoren ist der Übergang zu einer kohlenstoffarmen Wirtschaft unterschiedlich weit fortgeschritten [24, 25]:

- **Im Verkehrssektor** zeigen die untersuchten Szenarien, dass der Großteil des Straßenverkehrs durch batteriebetriebene Fahrzeuge abgedeckt werden kann. Die sekundäre Energiequelle ist somit elektrische Energie, die hauptsächlich in EE-Anlagen erzeugt wird. Ein weiterer Teil des Straßenverkehrs, insbesondere der Güterfernverkehr, kann auch mit wasserstoffbetriebenen Fahrzeugen abgewickelt werden. Hier liegen noch keine abschließenden Szenarien vor. Für die Schifffahrt und die Luftfahrt wird sich voraussichtlich grüner Wasserstoff bzw. aus grünem Wasserstoff hergestelltes synthetisches Methanol (CH_3OH) durchsetzen. Entsprechende Pilotprojekte sind hier bereits weit fortgeschritten.
- **Im Wärmesektor** wird die Substitution von Erdgas und anderen fossilen Brennstoffen (Kohle) unterschiedlich verlaufen. Das derzeit im Parlament diskutierte Wärmegesetz sieht vor, dass Wärmepumpen und Fernwärmenetze die Erdgasheizung in den Haushalten ersetzen. Da die Wärmepumpen mit

Abb. 2.12 Modernes Control Center für die Steuerung von elektrischen Energiesystemen. (© 50 Hz Transmission GmbH)

Ökostrom betrieben werden und die Fernwärme ebenfalls auf Wärmepumpen basiert, ergänzt durch Wärmespeichersysteme, die mit überschüssigem Ökostrom betrieben werden, ist dieses Szenario durchaus realistisch. Im Vergleich zur Gebäudeenergieversorgung mit synthetischem Methan und Wasserstoff benötigt diese Lösung 4- bis 5-mal weniger Erneuerbare Energien. Deutschland hat hier einen großen Nachholbedarf, da in anderen Ländern die innovativen Anwendungen bereits zu mehr als 50 % verfügbar sind (z. B. in Dänemark oder den baltischen Staaten). Hier kann von einem hohen Reifegrad der Technologie gesprochen werden, die nur noch flächendeckend eingesetzt werden muss.

- **Im Industriesektor** ist das Bild differenzierter. Je nach Branche werden derzeit unterschiedliche Brennstoffe (Öl, Koks, Kohle etc.) als Energieträger für industrielle Prozesse eingesetzt. In den meisten Fällen können diese Prozesse theoretisch mit Wasserstoff anstelle der herkömmlichen Brennstoffe betrieben werden, was jedoch noch nicht in allen Fällen im industriellen Maßstab erprobt wurde. Die Stahlerzeugung kann hier als positives Beispiel dienen. Die Stahlindustrie (z. B. Thyssen-Krupp [26]) hat eine entsprechende Technologie mit Wasserstoff erprobt und ist bereit, die gesamte Stahlproduktion in kürzester Zeit umzustellen. Neben Wasserstoff soll die Industrie in Zukunft auch synthetisches Methanol (CH_3OH) und Ammoniak NH_3 als grüne Wasserstoffprodukte einsetzen.

- Grundsätzlich sind für eine solche Umstellung einige Änderungen/ Anpassungen an den Prozessanlagen erforderlich, die natürlich bei laufender Produktion nur bedingt möglich sind. Daher ist eine komplexe Planung notwendig, die nicht nur die Optimierung der Anlagen, sondern auch die Verfügbarkeit entsprechender Mengen grünen Wasserstoffs bzw. seiner Produkte (z. B. synthetisches Methan) berücksichtigen sollte bzw. muss. Die Umstellung wird mit erheblichen Kosten verbunden sein.

Auf der Grundlage der oben genannten Feststellungen ist es möglich, den Wasserstoffbedarf für die nächsten Jahre bis 2045 abzuschätzen. Eine der Wasserstoffbedarfsprognosen wurde vom Wissenschaftlichen Dienst des Deutschen Bundestages im Auftrag der Bundesregierung für das Jahr 2022 erstellt [27]. Nach Auswertung zahlreicher Studien, die u. a. von der Nationalen Organisation Wasserstoff- und Brennstoffzellentechnologie (NOW), dem Bundesverband der Deutschen Industrie (BDI), der Wirtschaftsprüfungsgesellschaft PwC, dem Fraunhofer-Institut für Solarenergie (ISE) oder der Deutschen Energie-Agentur (DENA) durchgeführt wurden, kommt das Gremium zu dem Schluss, dass der Bedarf an Wasserstoff und seinen Derivaten bis 2030 zunächst moderat und dann bis 2050 (2045) stark ansteigen wird. Der jährliche Bedarf liegt dabei in einer relativ breiten Spanne zwischen 400 bis ca. 800 TWh pro Jahr. Für Europa wird in der gleichen Studie ein Wasserstoffbedarf von 1710 TWh prognostiziert[1]. Die große Spanne ist im Wesentlichen abhängig von dem angenommenen Konzept der zukünftigen Kraftstoffstruktur, aus der H_2 in synthetischen Kohlenstoffen gebunden oder als reiner Wasserstoff genutzt wird.

Der FNB Gas e. V. schätzt [28], dass der Wasserstoffbedarf in Deutschland von 71 TWh im Jahr 2030 auf 504 TWh im Jahr 2050 ansteigen wird. Der größte H2-Bedarf wird für die Sektoren Verkehr (Luftfahrt und Schifffahrt), Industrie (Chemiestandorte und Stahlproduktion) und Wärme prognostiziert. Etwa 75 % dieser Energie wird voraussichtlich aus Importen stammen. Für die heimische H2-Produktion wird im Jahr 2050 eine installierte Kapazität von 63 GW an Elektrolyseanlagen benötigt (bei geschätzten 2000 Volllaststunden).

---

[1] Heute werden weltweit etwa 3.140 TWh Wasserstoff jährlich produziert, hauptsächlich als grauer Wasserstoff.

Wasserstoff wird je nach Herkunft der zu Synthetisierung eingesetzten Energie mit unterschiedlichen Farben gekennzeichnet – siehe Tab. 2.5. Im Jahr 2045 (2050) soll ausschließlich grüner Wasserstoff verwendet werden, aber in der Übergangszeit wird auch blauer, türkisfarbener und grauer Wasserstoff benötigt, um den Übergang von fossilen Energieträgern zu begleiten. In Tab. 2.5 ist die Bedeutung der verschiedenen Wasserstofffarben kurz erläutert.

Die wichtigsten Verfahren zur Wasserstofferzeugung sind in Abb. 2.13 grafisch dargestellt. Die dominierende Rolle im zukünftigen Gesamtenergiesystem wird die Erzeugung von Wasserstoff durch Elektrolyse einnehmen, weshalb entsprechende Kapazitäten (für Deutschland auf 64 GW [30] geschätzt) auch in Deutschland installiert werden müssen.

Ob am Ende die Nutzung von reinem Wasserstoff in Prozessen oder die Nutzung von synthetischem Methan oder anderen Power-to-X-Produkten steht, ist heute noch nicht abschließend geklärt. Grundsätzlich kann jedoch die Struktur der Wasserstoffbereitstellung sowie in Abb. 2.14 dargestellt werden.

In solchen Systemen, wie in Abb. 2.14 dargestellt, ist auch die Nutzung von CO_2 aus der CCS-Sequestrierung zur Herstellung von synthetischem Methan sinnvoll. Diese und andere Wege zur optimalen Lösung sind noch in der Diskussion.

Um grünen Wasserstoff in großen Mengen wirtschaftlich herstellen zu können, ist ein hohes EE-Angebot aus Wind- und Solaranlagen erforderlich. Während in Süddeutschland eine jährliche Sonneneinstrahlung von ca. 1200 kW/m^2 zu erwarten ist, beträgt diese in Spanien ca. 2000 kW/m^2 p. a. und in Afrika (Sahara) bis zu 2500 kW/m^2 p. a., also doppelt so viel wie in Süddeutschland. In der Sahara gibt es zudem ca. 320 Sonnentage im Jahr (Angaben IEA), was die Versorgung mit Solarstrom sehr stabil macht. Auch für Windkraftanlagen bietet Afrika hervorragende Standorte. Viele Studien zielen daher darauf ab, Wasserstoff in dieser Region zu erzeugen und per Pipeline oder Schiff nach Europa zu transportieren. Für das Jahr 2050 wird erwartet, dass etwa ¾ des benötigten Wasserstoffs durch Exporte gedeckt werden.

Grundsätzlich setzt die Bundesregierung auf eine strategische Partnerschaft mit West- und Südafrika, wo genügend Flächen und Potenziale für Solar- und Windenergie vorhanden sind, um nicht nur den Energiebedarf vor Ort zu decken, sondern auch Energie in Form von grünem Wasserstoff zu exportieren. Afrika ist aufgrund seiner Sonneneinstrahlung für die Produktion von grünem Wasserstoff besonders geeignet.

Allein in Westafrika könnten maximal bis zu 165.000 TWh Grüner Wasserstoff pro Jahr produziert werden. Zum Vergleich: Das entspricht etwa dem 100-fachen der Menge an Grünem Wasserstoff, die Deutschland im Jahr 2050 voraussichtlich

Tab. 2.5 Wasserstoffsystematik je nach Verfahren [6,29]

Bezeichnung	Erstellungsenergie	Verfahren	Wirkungsgrad	Abdruck $gCO_2Äg$/MJ H_2 Heute – Zukunft
Grüner Wasserstoff	Strom aus erneuerbaren Energien	Elektrolyse des Wassers $H_2O = H_2 + O_2$	74–80 % (theoretisch bis 98 %)	12,5–0,0
Grauer Wasserstoff	a) aus fossilem Energieträger (Erdgas) b) Allgemeiner Netzstrom (je nach Mix)	Reforming (Dampfreformierung) Elektrolyse des Wassers	80 % Unter Berücksichtigung des Transportes über 3000 km 59 %	128,8–53,9
Pinker Wasserstoff	Strom aus Kernenergie	Elektrolyse des Wassers $H_2O = H_2 + O_2$	74–80 %	–
Blauer Wasserstoff	a) aus fossilem Energieträger (Erdgas) b) aus Biogas	Reforming mit Speicherung von anfallende CO_2 (Carbon Capture and Storage CCS- Technologie) Reforming mit Speicherung von anfallende CO_2 (Bioenergy with Carbon Capture and Storage BECCS- Technologie)	80 % Unter Berücksichtigung des Transportes über 3000 km 53 % –	108,9–15,5 –

(Fortsetzung)

Tab. 2.5 (Fortsetzung)

Bezeichnung	Erstellungsenergie	Verfahren	Wirkungsgrad	Abdruck gCO$_2$Äg/MJ H$_2$ Heute – Zukunft
Türkiser Wasserstoff	Aus fossilem Energieträger (Erdgas)	Thermische Spaltung von Methan (Methanpyrolyse) als Nebenprodukt der festen Kohlenstoffe	–	108,2–16,8
Weißer Wasserstoff	Nebenprodukt bei chemischen Prozessen	z. B. Chloralkali-Elektrolyse	–	–

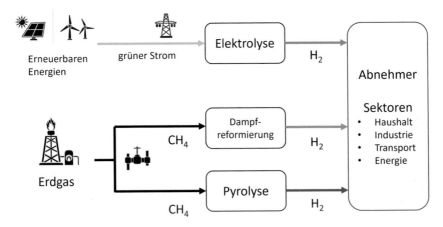

Abb. 2.13 Potenzielle Herstellungsverfahren von Wasserstoff (vergl. auch Tab. 2.4). (Icons © Adobe Stock)

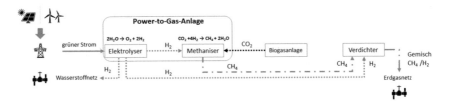

Abb. 2.14 Wasserstoffbereitstellung in einer Power-to-Gas-Anlage. Exemplarische Darstellung [6]. (Icones © Adobe Stock)

importieren muss. Solarenergie lässt sich am günstigsten in den nördlichen Regionen Westafrikas erzeugen, Windenergie in den südlichen. Aufgrund der niedrigen Stromgestehungskosten für Solarenergie von unter 2 Cent pro kWh in Nordafrika sind die Kosten für die Herstellung von grünem Wasserstoff dort besonders günstig. Zum Vergleich: Die Stromgestehungskosten aus erneuerbaren Energien liegen in Nordafrika, aber auch in Chile und Mexico, etwa 30 % unter denen in Deutschland [25,31].

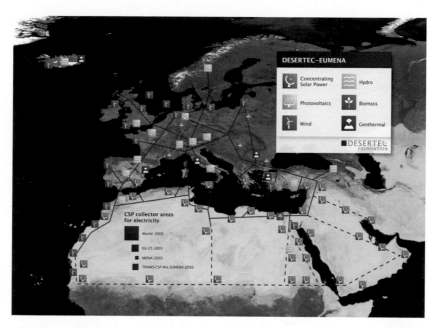

Abb. 2.15 DESERTEC: gekoppeltes Energiesystem Europa-Afrika. Eine Vision © Desertec [32]

Eine seit vielen Jahren verfolgte Idee ist das Desertec-Projekt. Es sieht nicht nur eine Wasserstoffproduktion in Afrika vor, sondern auch eine direkte Anbindung des afrikanischen Energiesystems (Strom und H_2-Netz) an die europäische Energieversorgung. Diese Idee ist in Abb. 2.15 dargestellt.

Entscheidend für die Wirtschaftlichkeit der vorgeschlagenen Lösungen im Bereich der Wasserstoffwirtschaft sind die technische Machbarkeit und die Kosten. Technisch sind bereits viele Hürden überwunden, aber die Kosten sind derzeit noch zu hoch. Es ist jedoch zu hoffen, dass mit dem breiten Einsatz neuer, innovativer Systeme die Kosten eine vergleichbare, steile Lernkurve [33] durchlaufen werden wie bei anderen, früheren Technologien, z. B. Wind- und Solaranlagen oder Lithium-Ionen-Batterien, wo die Kosten innerhalb von 10 Jahren um ein Vielfaches gesunken sind.

Die magische Zahl für die Wasserstoffkosten liegt bei 2 €/kg H_2 [25,34]. Heute liegen die Kosten für die Erzeugung von Wasserstoff aus Solaranlagen bei

6 €/kg und aus Windkraft bei 4 €/kg. Regional kann grüner Wasserstoff bereits für 2,50 €/kg hergestellt werden.

Blauer Wasserstoff herzustellen kostet 2,20 €/kg aus Erdgas und 1,62 €/kg aus Kohle. In Deutschland soll grüner Wasserstoff in Zukunft (2030) etwa 2–2,50 €/kg kosten. Für 2050 sind in einigen Szenarien deutlich geringere Kosten für grünen Wasserstoff von bis zu 1,26 €/kg erwartbar [33]. Da in den kommenden Jahren weitere Kostensenkungen und ein Ausbau der Elektrolyse erwartet werden, ist eine endogene Kostenmodellierung der Elektrolyse wichtig, um die Gesamtkosten verschiedener Szenarien zu vergleichen und den richtigen Zeitpunkt für Investitionen zu bestimmen.

Wasserstoffkreislauf
Durch den breiten Einsatz von Wasserstoff im GES wird ein neuer Energiekreislauf, eine zweite Säule des GES neben dem Stromkreislauf – der Wasserstoffkreislauf entstehen. Das Zusammenwirken der beiden Säulen im zukünftigen System ist in Abb. 2.16 schematisch dargestellt.

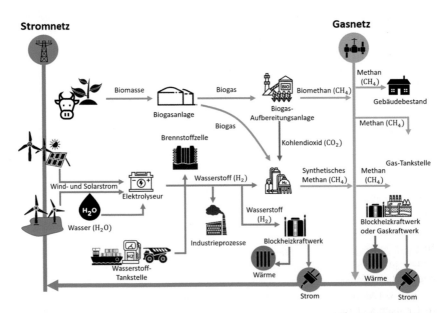

Abb. 2.16 Zukünftigen Wasserstofffluss in dem GES. (Datenquelle: Agentur für Erneuerbare Energien e. V., 2020. Icones © Adobe Stock)

Damit entsteht ein völlig neuer Technologiezweig, der sowohl neue Anlagen als auch neue Energieströme hervorbringen wird. Die in Abb. 3.1 dargestellte mehrfache Kopplung und Rückkopplung zwischen den Systemen Strom und Wasserstoff wird eine notwendige, hohe Flexibilität des GES ermöglichen. Der aus grüner Energie (Ökostrom) überwiegend elektrolytisch erzeugte Wasserstoff kann in der Rückkopplung zur Erzeugung von elektrischer Energie in H_2-Turbinen genutzt werden. Die dazu notwendige Steuerung wird nicht nur die Wirtschaftlichkeit dieser Prozesse berücksichtigen, sondern auch die Stabilität beider Systeme sicherstellen.

Gas versus Wasserstoffnetze
Im zukünftigen GES werden die bestehenden Strom- und Gasnetze bestmöglich weiter genutzt. Sie sollen aber – auch unter der Prämisse, dass sie als kritische Infrastrukturen besonders zuverlässig bleiben müssen – an die neuen Aufgaben (z. B. große Transporte über weite Strecken) und Rahmenbedingungen (z. B. Transport von reinem Wasserstoff) angepasst werden. Sie werden daher sukzessive und behutsam um- und ausgebaut.

In Abb. 2.17a [35] ist das heutige Erdgasnetz in Deutschland dargestellt. Es ist sehr gut ausgebaut (Länge: Transport 13.300 km, Hochdruck 124.000 km, insgesamt 517.000 km), und ob es auch in Zukunft in diesem Umfang benötigt wird, hängt von der Wahl der endgültigen Versorgungsstrategie 2050 ab. Unter Umständen ist davon auszugehen, dass die Hausversorgung für die Wärmebereitstellung an Bedeutung verliert, so dass auch die Gashausanschlüsse und teilweise die Gasverteilnetze nicht mehr in diesem Umfang benötigt werden. Das heutige Konzept der Wasserstoffnetze ist in Abb. 2.17b [30] dargestellt.

Die Fernleitungsnetzbetreiber haben in der Studie „H2-Netz-2050" [28] untersucht, mit welchem volkswirtschaftlichen Aufwand eine Umrüstung des bestehenden Erdgasnetzes möglich ist bzw. ob ein Neubau von Wasserstoff-Pipeline-Infrastruktur notwendig ist, um im Jahr 2050 ein flächendeckendes H_2-Netz für reinen, grünen Wasserstoff zur Verfügung zu haben. Dazu wurden eine Netzplanungsrechnung und Simulation des H_2-Netzes für das Jahr 2050 durchgeführt. Das Simulationsszenario geht dabei nicht nur vom Transport von reinem, grünem Wasserstoff aus, sondern auch von einem ebenso hohen Anteil an grünem Methan. Insgesamt kann das Wasserstofftransportnetz eine Energiemenge mit einem Brennwert von insgesamt 504 TWh p. a. bereitstellen. Die mögliche Spitzenabnahme beträgt 110 GWh/h.

Zur Vorbereitung einer breiten Einführung der Wasserstoffwirtschaft werden in Deutschland mehrere Pilotprojekte durchgeführt. In diesen Projekten geht es um die Erprobung von Wasserstofferzeugungstechnologien (z. B. Elektrolyseurtechnologie) und um die Überprüfung der Eignung der Gasnetze als solche und

a   b

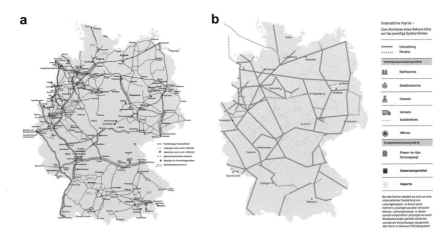

Abb. 2.17 (**a**) Das deutsche Gas-Fernleitungsnetz im Überblick [35] und (**b**) die zukünftige Wasserstoffnetz 2050 [30]

ihrer Komponenten für den Transport von Wasserstoff. Grundsätzlich sind die Gasnetze zu 80 % für den Wasserstoffbetrieb geeignet. Im Energiewirtschaftsgesetz (EnWG) sind die notwendigen Verfahren zur Überprüfung und Anpassung der Gasnetze für den Wasserstoffbetrieb bereits verankert. In Abb. 2.18 ist das hierfür vorgeschriebene Verfahren schematisch dargestellt.

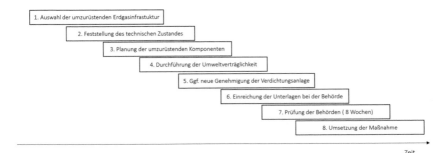

Abb. 2.18 Prozedur zur Umrüstung von Erdgas- auf Wasserstoffnetzen nach dem EnWG

Der Fernleitungsnetzbetreiber (FNB Gas e. V.) [28] hat die Eignung des Erdgasnetzes für den Wasserstoffbetrieb untersucht. Von den 13.300 km Gastransportnetz sind bisher 11.000 km umgerüstet, das sind mehr als 80 % des Transportnetzes. Die notwendigen Investitionen belaufen sich auf 18 Mld. Euro. Eine Anpassung der Verteilnetze oder zusätzliche Speicher sind in der Schätzung nicht enthalten.

2.2.4 Marktbilanzierung: Vergleich zwischen Gas und Strom

Gas und Strom lassen sich in größeren Bilanzkreisen bilanzieren [1]. Bei Wärme ist dies vorerst auf Gebäude oder Komplexe (Fernwärme) begrenzt.

Ein Bilanzkreis ist ein virtuelles Energiemengenkonto für Strom und Gas. Der Bilanzkreis ist das Bindeglied zwischen der virtuellen Welt des Strom- und Gashandels und der physischen Welt der Energielieferung und Netzstabilität. Mit Hilfe der Bilanzkreise wird sichergestellt, dass nur genau die Energie verkauft oder geliefert werden kann, die auch produziert oder gefördert wurde und dass jeder Energielieferant seine Mengen auch genau an den Energiemärkten oder durch eigene Produktion oder Förderung beschafft hat.

Im Wesentlichen entsprechen die Rollen Übertragungsnetzbetreiber (ÜNB), Verteilnetzbetreiber (VNB) und Bilanzkreisverantwortlicher (BKV) in der Stromwirtschaft den Rollen Marktgebietsverantwortlicher (MGV), Ein- und Ausspeisenetzbetreiber (ANB und ENB) und Bilanzkreisverantwortlicher (BKV) in der Gaswirtschaft.

Für die Messung von Verbrauchsdaten sind die Verteilnetzbetreiber bzw. die Ausspeisenetzbetreiber zuständig, sofern sie diese Aufgabe nicht an andere Parteien delegiert haben. Die für die Strombilanzierung anzuwendenden Ist-Werte heißen in der Gaswirtschaft *Allokation*. In der Stromwirtschaft sind die Ist-Werte für Zählpunkte ohne registrierende Leistungsmessung für die Bilanzierung durch Standardlastprofile vorgegeben. In der Gaswirtschaft ist dies im Prinzip auch so, allerdings sind hier die Standardlastprofile temperaturabhängig und die anzuwendende Wetterstation ist Teil der Stammdaten. Weiterhin wird die Ermittlung des

Allokationswertes für Standardlastprofile Gas für den Folgetag auf Basis der geltenden Temperaturprognose jeweils durch den ANB vorgenommen und dem BKV gemeldet.

Bilanzkreisabweichungen werden sowohl in der Strombilanzierung als auch in der Gasbilanzierung als Ausgleichsenergie verrechnet. Im Ausgleichsmarkt Strom gelten symmetrische Ausgleichsenergiepreise. Das bedeutet, dass ein Bilanzkreis, der in einer gegebenen Viertelstunde überdeckt war, genau denselben Preis vergütet bekommt (so dieser positiv ist), den ein anderer Bilanzkreis, der in derselben Viertelstunde unterdeckt war, verrechnet bekommt. Die Ausgleichsenergiepreise im Gas-Sektor sind asymmetrisch. Allerdings fällt Ausgleichsenergie hier nur für Abweichungen in Gastagsgranularität an. Zusätzlich gilt in der Gasbilanzierung ein untertägiges Anreizsystem über sogenannte Flexibilitätskosten. Dabei wird für gemessene Ausspeisestellen (RLM) eine Toleranz in Höhe von 7,5 % der Ausspeisemenge für den Gastag gewährt. Die Erhebung von Flexibilitätskosten ist an die Bedingung geknüpft, dass für den entsprechenden Gastag positive und negative Regelenergie in Anspruch genommen wurde. Somit werden dem Marktteilnehmer nur selten Flexibilitätskosten in Rechnung gestellt.

In der Praxis ist die Gasbilanzierung deutlich komplizierter als die Strombilanzierung. Die Gründe dafür sind unter anderem:

- starke Temperaturabhängigkeit des Gasverbrauchs, damit verbunden temperaturabhängige Standardlastprofile,
- der Energiegehalt verbrauchten Gases ist nicht direkt messbar, die Umrechnung von Volumen in MWh führt zu einem Unterschied zwischen ex-ante vorgegebenem Bilanzierungsbrennwert und ex-post ermitteltem Abrechnungsbrennwert (s. Zustandszahl),
- unterschiedliche Gasqualitäten (H-Gas und L-Gas) mit unterschiedlichem Brennwert werden bilanziell konvertiert, wobei entstehende Kosten aus der Qualitätsabweichung mit Konvertierungsentgelten verrechnet werden,
- diverse Umlagen werden dem Bilanzkreisverantwortlichen für RLM-Ausspeisung, SLP-Ausspeisung und Einspeisung zusätzlich in Rechnung gestellt (RLM-Bilanzierungsumlage, SLP-Bilanzierungsumlage, Konvertierungsumlage).

Der Saldo der Ausgleichsenergie über alle Bilanzkreise hat Einfluss auf den Regelenergiebedarf. Der Regelenergiebedarf wird durch interne Regelenergie (z. B. Netzpuffer) und gegebenenfalls externe Regelenergie (Ein- und Verkäufe von Strom und Gas durch den ÜNB/MGV) gedeckt. Besonders in der Stromwirtschaft kann der Regelbedarf der ÜNB größer sein, als aus dem Saldo der

Ausgleichsenergie ersichtlich ist, da Netzengpässe dazu führen können, dass in einem Teil des Netzes positive, in einem anderen negative Regelenergie erforderlich ist. Umfangreiche Informationen zu Netzthemen – auch zur Strombilanzierung – werden auf der Transparenzplattform der vier deutschen ÜNB gegeben (https://www.netztransparenz.de).

Der BDEW hält für die Gasbilanzierung ebenfalls umfangreiche Dokumentationen bereit. Im BDEW/VKU/GEODE-Leitfaden „Marktprozesse Bilanzkreismanagement Gas, Teil 1" werden die Hauptprozesse zur Bilanzkreisführung beschrieben [1].

Für die neue Säule des GES, die Wasserstoffwirtschaft, gibt es bereits eine Produktpalette und eine Systematik für die Beschaffung dieser Produkte [6] (siehe Abb. 2.19).

Wasserstoff wird heute nur in sehr kleinen Mengen produziert und gehandelt, aber in Zukunft wird dieser Handel ähnlich wie bei Gas oder Strom auf verschiedenen Märkten stattfinden.

Zukünftige Märkte für Wasserstoffprodukte sind:

- OTC-Markt – Nicht regulierter Handelsplatz
- Wasserstoffbörse – regulierter Handelsplatz
  - Terminmarkt langfristige und mittelfristige Beschaffung
  - Spotmarkt kurzfristige Beschaffung

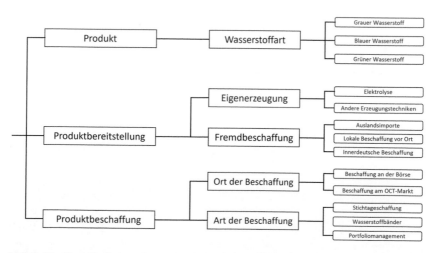

Abb. 2.19 Systematik der Wasserstoffbeschaffung nach [6]

Day-Ahead-Markt – Beschaffung für Wasserstoffprodukte bis 24h vor der physischen Lieferung

Intraday-Markt Beschaffungsmarkt unmittelbar bis vor der physischen Lieferung

Weltweite und europäische Perspektive

3

Wie bereits erwähnt, ist die Energiewende eine globale Aufgabe und kann als solche gelingen, wenn sich alle Staaten angemessen daran beteiligen. Die EU hat die Energiewende seit Jahren auf ihrer Agenda. Das Programm FitFor55 (55 % Emissionsreduktion bis 2030) und die Entscheidung für Net-Zero, also Emissionsneutralität bis 2050, sind starke Signale für andere Regionen der Welt.

In aktuellen Studien, die von der EU und ihrer Organisation durchgeführt werden, werden die folgenden drei Szenarien diskutiert (vgl. Tab. 2.3 [1] und Abschn. 7.2 [1]):

- die Globale Ambition (die auch im Green Deal der Europäischen Union skizziert ist),
- Nationale Trends, da die Energiepolitik als solche den einzelnen Nationen überlassen bleibt,
- Dezentrale Systeme, was eine starke Dezentralisierung der zukünftigen Energieversorgung voraussetzt.

> *ENTSO-E, der europäische Dachverband der nationalen Übertragungsnetzbetreiber, veröffentlicht jährlich einen sogenannten TYNDP (Ten-Year Network Development Plans). Analog dazu veröffentlicht auch ENTSO-G, der europäische Dachverband der Gasversorger, jährlich einen Entwicklungsplan für den Gassektor.*

Mit der Umsetzung dieser Pläne soll die notwendige Sicherheit der Elektrizitäts-
versorgung gewährleistet werden. Als technische Organisation schlägt ENTSO-E
realistische Maßnahmen vor, die anschließend in nationalen Plänen umgesetzt
werden müssen.

Die drei oben erwähnten Hauptszenarien spiegeln sich auch in der TYNDP-
Studie wider. Abb. 28 zeigt schematisch die jüngsten Vorschläge des ENTSO-E
in der Planungsperspektive bis 2050. Sie basieren auf vielen Simulationsrech-
nungen auf internationaler und nationaler Ebene und zeigen, dass in allen drei
Hauptszenarien das Ziel einer 80 bis 100 %igen Dekarbonisierung in Europa aus
rein technischer Sicht erreicht werden kann.

Natürlich unterscheiden sich die Realisierungspfade in der Ausgestaltung
der Maßnahmenfolge und sind auch mit unterschiedlichen Kosten verbunden.
Sie führen zu unterschiedlichen Endausführungen der elektrischen Energiesys-
teme, zeigen aber auch ein großes Potenzial für die Entscheidungsgremien.
Welches Szenario Realität wird, hängt aus heutiger Sicht auch von nationalen
Entscheidungen ab, die von der EU weitgehend koordiniert werden sollten.

Die Realisierung des Pfads „Nationale Trends" (Abb. 3.1, blaue Punkte)
führt nicht zu einer 100 %igen Dekarbonisierung. Er wird von national auto-
nomen Energiesystemen dominiert. Den Entwicklungen des Pfads „Globale
Ambition" folgend, wird das Energiesystem zunehmend zentralisiert, d. h. europäisch (Abb. 3.1, grüne Punkte), und erreicht die 100-%-Dekarbonisierung im
Jahr 2050. Seine Realisierung ist insgesamt auch kostengünstiger. Wird auf
Dezentralisierung gesetzt, ist das System im Jahr 2050 durch eine starke Streuung
der Ressourcen und damit durch Redundanzen gekennzeichnet, die die höchsten
Gesamtkosten verursachen (Abb. 3.1, dunkelrote Punkte).

Aus diesen Strategien ergeben sich auch die möglichen Mix-Konfigurationen
(Abb. 3.2a) und die notwendigen installierten Leistungen (Abb. 3.2b) in Europa.

Es wird deutlich (siehe Abb. 3.2b), dass die Anwendung der Distributed
Energy Strategie den größten Zuwachs an installierter Leistung erfordert. Die
Systeme werden zwar auf lokaler Ebene widerstandsfähiger, aber aufgrund der
Schwierigkeiten beim Energieaustausch zwischen lokalen Netzen werden die
Kosten für die Anwendung dieser Strategie deutlich höher sein als bei den
anderen Strategien.

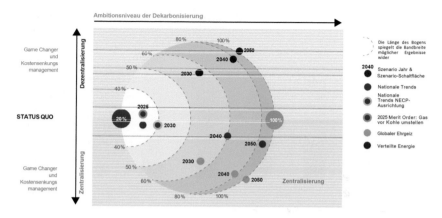

Abb. 3.1 Pfad zu 100 % nachhaltiger GES nach ENTSO-E 2020 [36]

In jüngster Zeit hat das Thema Klimawandel weiter weltweit an Bedeutung gewonnen. Es steht ständig auf der Tagesordnung aller wichtigen politischen Treffen. Immer mehr Länder verpflichten sich zu deutlichen Emissionsreduktionen.

> *Die EU, die USA und China haben sich zum Ziel gesetzt, bis 2050 emissionsneutral (global Net-Zero) zu werden. Deutschland strebt dies bis 2045 an.*

Auch die G20-Staaten (derzeit angeführt von Indien) haben sich im März 2023 sehr ehrgeizige Ziele gesetzt.

Die vier Pfeiler dieser Ziele, die zu einer Sektorenkopplung führen sollen, lauten bis 2030 wie folgt:

- Gebäude – Reduzierung des Energieverbrauchs für Heizung und Kühlung um 50 %,
- Haushaltsgeräte – Senkung des Energieverbrauchs um 25 %,
- Verkehr – 4,5 %/Jahr Effizienzsteigerung,
- Industrie – 3 %/Jahr Effizienzsteigerung.

Daraus leitet die IEA die Notwendigkeit ab, die jährlichen effizienzbezogenen Investitionen von heute 600 Mrd. USD auf 1,8 Billionen USD bis zum Ende des Jahrzehnts zu verdreifachen [37]. Um einen detaillierteren Überblick über

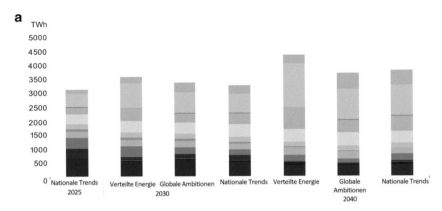

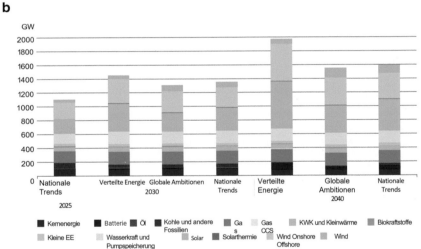

Abb. 3.2 **a** Mögliche Energiemix-Konfigurationen und **b** notwendige installierte Leistung aus dem Zehnjahresplan der ENTSO-E für Europa [36]

die verschiedenen Szenarien zu erhalten, die zu Entwicklungsplänen auf europäischer Ebene führen, können die interaktiven Karten des Europäischen Netzwerks genutzt werden, die im Internet verfügbar sind.

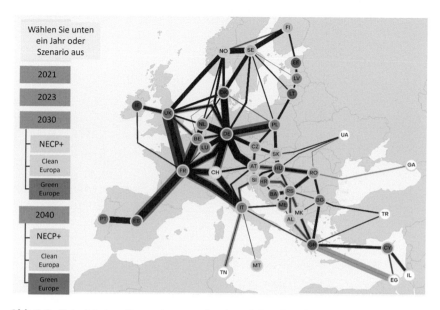

Abb. 3.3 Beispiel eines Screenshots aus dem interaktiven Portal Ember-climate [38]

Unter der Internetadresse https://ember-climate.org/data/data-tools/electr icity-interconnection-europe/ *kann man sich nicht nur über die verschiedenen Anteile erneuerbarer Energien, sondern auch über die verschiedenen Regionen der Welt informieren und sich einen breiten Überblick über die Ausmaße der jeweiligen Netzausbauaufgabe verschaffen.*

Abb. 3.3 zeigt eine Beispielkarte für das Szenario 2030 Green Europe.

Was Sie aus diesem *essential* mitnehmen können

- Sie haben Grundkenntnisse über die Entstehung, die Geschichte, den aktuellen Stand und die Planungen der Energiewende erworben.
- Sie verstehen die Grundbegriffe im Bereich der Energiesysteme und haben einen Überblick über die Methoden zu deren Planung und Bewertung erlangt.
- Sie wissen, welchen Anteil die einzelnen Sektoren am Gesamtenergieverbrauch in Deutschland derzeit haben und wie sich dieser in Zukunft entwickeln wird.
- Sie wissen im Allgemeinen, wie die Strom- und Gasnetze am Beispiel Deutschlands aufgestellt sind und wie sie sich weiterentwickeln müssen, um den Herausforderungen von GES gerecht zu werden. Besonderes Augenmerk wird auf die Entstehung eines neuen Wasserstoffkreislaufes im Net-Zero-System um 2045/2050 gelegt.
- Sie verstehen, was Sektorenkopplung bedeutet und welche Rolle sie im GES spielen wird. Dabei können Sie auch die Bedeutung der Elektromobilität als System im zukünftigen GES beschreiben.
- Sie haben einen Überblick über das moderne Energiemarktdesign erlangt und können die wichtigsten Akteure und ihre Marktrollen benennen.
- Sie können die Energiewende auch im europäischen und globalen Kontext grob einordnen.

Literatur

1. Komarnicki P, Kranhold M, Styczynski Z A (2021) Sektorenkopplung – Energetisch-nachhaltige Wirtschaft der Zukunft. Grundlagen, Modell und Planungsbeispiel eines Gesamtenergiesystems (GES). Verlag Springer Nature. Erste Auflage Deutsch (2021), zweite Auflage Englisch (2023)
2. Komarnicki P, Lombardi P, Styczynski Z A (2021) Elektrische Energiespeichersysteme Flexibilitätsoptionen für Smart Grids. Verlag Springer Nature, erste Auflage Englisch (2017), zweite Auflage Englisch (2021)
3. Komarnicki P, Haubrock P, Styczynski Z A (2021) Elektromobilität und Sektorenkopplung. Infrastruktur- und Systemkomponenten. Verlag Springer Nature, zweite Auflage
4. Styczynski Z A, Rudion K, Naumann A. (2017) Einführung in Expertensysteme. Grundlagen, Anwendungen und Beispiele aus der elektrischen Energieversorgung. Verlag Springer Nature, erste Auflage
5. Buchholz B M, Styczynski Z A (2020) Smart Grids. Fundamentals and Technologies in Electric Power Systems of the future. Verlag Springer Nature, zweite Auflage
6. Linnemann M, Peltzer J (2022) Wasserstoffwirtschaft kompakt. Klimaschutz, Regulatorik und Perspektiven für die Energiewirtschaft. Verlag Springer Nature, erste Auflage
7. von Weizsäcker E, Wijkman A (2019) Wir sind dran. Club of Rome: Der große Bericht. Pantheon, München
8. Statista (2023) Weltbevölkerungszahl. https://de.statista.com/statistik/daten/studie/1694/umfrage/entwicklung-der-weltbevoelkerungszahl/. Abgerufen: 20.07.2023
9. IEA (2020) Energy Technology Perspektives 2020. https://www.iea.org/reports/energy-technology-perspectives-2020. CC BY 4.0. Abgerufen: 20.07.2023
10. Bosch S, Schlenker F, Bohn J, Kupies S, Schmidt M (2023) Energie-Weltatlas. Transformation des Energiesystems in globaler Perspektive. Verlag Springer Vieweg 2023
11. Wikipedia (2023) Global Carbon Emission. https://commons.wikimedia.org/wiki/File:Global_Carbon_Emissions.svg?uselang=de#/meda/Datei:Global_Carbon_Emissions.svg.%20Global_Carbon_Emission_by_Type_to_Y2004.png Mak Thorpe derivative work: Autopilot (talk) – https://en.wikipedia.org/wiki/File:Global_Carbon_Emission_by_Type_to_Y2004.png CC BY-SA 3.0. Abgerufen: 19.09.2023
12. Statista (2023) Weltweiter CO2-Ausstoß. https://de.statista.com/statistik/daten/studie/37187/umfrage/der-weltweite-co2-ausstoss-seit-1751/. Abgerufen: 22.07.2023

13. BNetzA (2022) Bedarfsermittlung 2023–2037/2045. Genehmigung des Szenariorahmens 2023–2037/2045. https://www.netzausbau.de/SharedDocs/Downloads/DE/Bedarfsermittlung/2037/SR/Szenariorahmen_2037_Genehmigung.pdf?__blob=publicationFile. Abgerufen 26.06.2023

14. Geidl M, Andersson, G (2005) Optimal power dispatch and conversion in systems with multiple energy carriers. In: Proc. 15th Power Systems Computation Conf. (PSCC), Liège, Belgium

15. Mancarella P-L (2014) MES (multi-energy system): An overview of concepts and evaluation models. In: Energy, 65(214), S. 1–17

16. Umweltbundesamt (2023) Energieverbrauch nach Energieträger und Sektoren. https://www.umweltbundesamt.de/daten/energie/energieverbrauch-nach-energietraegern-sektoren#allgemeine-entwicklung-und-einflussfaktoren. Abgerufen:20.07.2023

17. Umweltbundesamt (2020) Elektromobilität schlägt Wasserstoff bei Energiewende im Verkehr. https://www.umweltbundesamt.de/themen/elektromobilitaet-schlaegt-wasserstoff-bei .Abgerufen:20.07.2023

18. AG Energiebilanzen (2021) Anwendungsbilanzen zur Energiebilanz Deutschland. https://ag-energiebilanzen.de/wp-content/uploads/2020/10/ageb_20v_v1.pdf. Abgerufen: 20.07.2023

19. BMWK (2023) Aktueller Stand des Netzausbaus. https://www.bmwk.de/Redaktion/DE/Downloads/M-O/netzausbau-schreitet-voran.pdf?__blob=publicationFile&v=5. Abgerufen 16.06.2023

20. Initiative Energiespeicher (INES) (2023) Erdgaskapazitäten. https://erdgasspeicher.de/erdgasspeicher/gasspeicherkapazitaeten/. Abgerufen 26.06.2023

21. Becker H, Hachmann C, Hauer I, Glaser S (2023) Wer startet das Netz der Zukunft nach einem Blackout? ETG Journal 02/2022. https://www.researchgate.net/publication/361173178_Wer_startet_das_Netz_der_Zukunft_nach_einem_Blackout#fullTextFileContent. Abgerufen 28.06.2023

22. 50Hertz Transmission GmbH (2023) Unterschiedliche Unterlagen und Notizen der Autoren benutzt mit der Erlaubnis von 50Hertz. © 50Hertz

23. Bundestag (2022) Gaskraftwerke – kleine Anfrage. https://dserver.bundestag.de/btd/20/009/2000924.pdf. Abgerufen 28.06.2023

24. Umweltbundesamt (2023) Wasserstoff- Schlüssel im künftigen Energiesystem. https://www.umweltbundesamt.de/themen/klima-energie/klimaschutz-energiepolitik-in-deutschland/wasserstoff-schluessel-im-kuenftigen-energiesystem. Abgerufen 10.06.2023

25. Deloitte (2023) Green hydrogen: Energizing the path to net zero. Deloitte's 2023 global green hydrogen outlook. https://www2.deloitte.com/za/en/pages/about-deloitte/articles/green-hydrogen.html. Abgerufen 05.07.2023

26. Thyssenkrupp (2023) Pressemitteilung- Start eines der weltweit größten industriellen Dekarbonisierungsprojekte. https://www.thyssenkrupp-steel.com/de/newsroom/pressemitteilungen/thyssenkrupp-steel-vergibt-milliardenauftrag-fuer-direktreduktionsanlage-an-sms-group.html. Abgerufen 10.06.2023

27. Wissenschaftliche Dienst. Deutscher Bundestag (2022) Wasserstoffbedarf. AZ WD5-3000-024/22. https://www.bundestag.de/resource/blob/894040/0adb222a2cbc86a20d989627a15f4bd8/WD-5-024-22-pdf-data.pdf. Abgerufen 16.06.2023

28. FNB Gas e.V. (2023) Entwicklung der Wasserstoffwirtschaft – Wasserstoffnetz 2050 für ein klimaneutrales Deutschland. Entwicklung eines Energieszenarios für die Gasnetzauslegung im Rahmen der Energiewende. https://fnb-gas.de/wp-content/uploads/2021/11/Szenarion-4M_FNB-Gas-fuer-klimaneutrales-H2-Netz.pdf. Abgerufen 16.06.2023
29. Umweltbundesamt (2023) Wasserstoff- Schlüssel im künftigen Energiesystem. https://www.umweltbundesamt.de/themen/klima-energie/klimaschutz-energiepolitik-in-deutschland/wasserstoff-schluessel-im-kuenftigen-energiesystem. Abgerufen 26.06.2023
30. FNB Gas e.V. (2023) Wasserstoffnetz 2050: für ein klimaneutrales Deutschland. https://fnb-gas.de/wasserstoffnetz/h2-netz-2050/. Abgerufen 26.06.2023
31. BMBF (2023) H2-Atlas. https://www.h2atlas.de/de/. Abgerufen 10.06.2023
32. Wikimedia Commons (2023) File: DESERTEC-Map large.jpg. https://commons.wikimedia.org/w/index.php?curid=6096923. CC BY-SA 2.5- Übersetzung: Autoren. Abgerufen: 20.07.2023
33. Zeyen E, Victoria M, Brown T (2023) Endogenous learning for green hydrogen in a sector-coupled energy model for Europe. Nature Communications | (2023)14:3743. https://doi.org/10.1038/s41467-023-39397-2
34. Chemietechnik (2022) Was kostet Wasserstoff. https://www.chemietechnik.de/energie-utilities/wasserstoff/was-kostet-wasserstoff-jetzt-und-in-zukunft-338.html. Abgerufen 26.06.2023
35. FNB Gas e.V. (2017) Gas Fernleitungsnetz. https://www.fnb-gas.de/fnb-gas/. Abgerufen 26.06.2023
36. ENTSO-E (2019) Completing the map. European Power System 2040. https://eepublicdownloads.entsoe.eu/clean-documents/tyndp-documents/TYNDP2018/european_power_system_2040.pdf. Abgerufen 30.06.2023
37. IEA (2023) Energy Efficiency – The Decade for Action. Ministerial Briefing. IEA 8th Annual Global Conference on Energy Efficiency. https://iea.blob.core.windows.net/assets/f6df3a56-2257-4f47-a130-bf0862c31065/EnergyEfficiency-TheDecadeforAction.pdf. Abgerufen 28.06.2023
38. EMBER (2023) Electricity interconnection in Europe. An interactive map of electricity interconnection in Europe under different energy transition scenarios. https://ember-climate.org/data/data-tools/electricity-interconnection-europe/. Abgerufen 30.06.2023

Energie in Naturwissenschaft, Technik, Wirtschaft und Gesellschaft

Przemyslaw Komarnicki
Michael Kranhold
Zbigniew A. Styczynski

Sektorenkopplung – Energetisch-nachhaltige Wirtschaft der Zukunft

Grundlagen, Modell und Planungsbeispiel eines Gesamtenergiesystems (GES)

Inklusive
SN Flashcards
Lern-App

MOREMEDIA ▶

Springer

Jetzt bestellen:
link.springer.com/978-3-658-33559-5

Printed in the United States
by Baker & Taylor Publisher Services